U0953967

海云法师讲人生

轻松而至的幸福

[台湾]海云继梦◎著

九州出版社
JIUZHOUPRESS
全国百佳图书出版单位

目　录

——◇ 上篇·活得庄严，过得精彩 ◇——

目　录

——◇ 下篇·撒娇人生 ◇——

出版说明

因缘和合。我们知道了海云法师，读到了他的“生命故乡的呼唤”丛书四本，真是字字珠玑，闪耀着灵动鲜活的智慧，阐述着生命的至理，蕴含着温暖的人文关怀，仿佛为我们找到了一眼荒漠甘泉。他说，要直面种种人生困惑，让心活起来，穿越生命的沼泽，活得庄严，过得精彩，全面提升生命品质，创造个人、家庭以及世界的幸福生活。

我们觉得应该把这套书介绍给读者朋友们。我们把原来的四本书合为两本出版，每一本分为上下两篇，使用原来的书名作为篇名，保留了原书对一些术语的解释，对文字内容略加改动，以求更符合大家的阅读习惯。

打开这两本书吧，此刻，请跟随这些美妙的文字作一次奇妙的生命之旅！从此，你将拥有自在、美丽的人生！

九州出版社

2011年5月

上篇

活得庄严，过得精彩

如果你希望成为一个
充满活力的生命探索者，
来吧！
进入这既深邃又美丽的生命花园，
你将听见自己
青春无瑕时最强壮的心音。

第一讲

上台的艺术

上台，就是进入人生的舞台，这是一门学问。

今天社会繁荣，各个领域精英辈出，秀出其生命活力与魅力，可是有的舞台也显得凌乱异常，似乎毫无规矩、漫无章法、没有道理。事实上，社会的某些地方已经产生问题，有的人感觉很无奈，不知怎么办，可是却又得活下去，因此不得不勉强自己去适应环境。社会病变已然形成，外在环境既已如此，那要怎么适应？最后，当然导致了人性的扭曲。不但是我们这一代，下一代也跟着扭曲。扭曲并非由我们这一代开始，其实从我们上一代早已肇端。

我们在踏出人生的第一步时，如果就已发生了错误，这时该怎么办？当我们在迈开人生的第一步前，是否已做好足够的心理准备？首先就是要认清适合自己的人生舞台和所处的社会，两者是不一样的。人生舞台以自己为主，居主动地位，有主控权，而社会则属外在的客观环境。大家往往无法将这两者——能、所之间的关系理清楚。

我们发现，许多人都想将社会占为己有，以为凭一己之力即可改变社会，那就错了，你将一辈子陷于永劫不复的沉沦之境。为什么呢？因为某些地方生病、变质了，你如果没建立自己的人生观与生命价值观，而错将此当成自己的人生舞台，那可能不知不觉间被扭曲了都还看不到。错误的社会价值观令你沉沦。这是一般人所看不到的地方，而我们该怎么看呢？

首先，人生要扮演什么样的角色，必须先自己确立起来。换句话说，在踏出社会之前，对自己就要有相当的认知。然而许多学校教导学生如何在社会舞台上与人针锋相对，击垮对手，好让自己出人头地，似乎忽视了我们还应该教导人们如何认识自己、怎么建立人生堡垒。

如今选填大学专业，不是根据自己的需要、兴趣、嗜好或专长，而是迁就社会最热门的、将来出路最好的，这种趋势已然脱离了人性。跟随社会趋势填选专业，原本并不为过，问题在于自己是否适合。假如对自己并无充分的认识，就草率的将社会取向当成人生方向，那终会被社会的旋涡卷走。

我们不是鼓励标新立异或特立独行，而是提醒青年学子应该了解自己。我们是一个独立体，也要懂得如何与社会取得协调，让社会的整体运转能够更健康，也让自己能够活得更出色。个体能够精彩自呈，社会群体才能够健康、亮丽地展现，而这才是真正美好的净土①。

今天大家往往为了在社会上求生存而不惜扭曲自己，自甘为变异的异形虫，趋附于物欲，所得到的只有生存，却活得既无奈又痛苦，这显然已非人生的目标。要怎么样才能活得毫不扭曲而很快乐？

① 净土：指以菩提修成的清净处所，为佛所居之所。全称清净土、清净国土、清净佛刹。又作净刹、净界、净国、净方、净域、净世界、净妙土、妙土、佛刹、佛国。相对而言，众生居住之所，有烦恼污秽，故称秽土、秽国。净土，只在大乘经中提及，小乘教无此说。换言之，大乘佛教认为涅槃有积极作用，而得涅槃之诸佛，各在其净土教化众生，故凡有佛所住之处即为净土。（引自《佛光大辞典》，以下引文出处同。）

第一步要迈入人生舞台，与社会共荣共存，这时应该先有万全的准备。所以说，走上人生的舞台本身即是一门学问。

上台的这门学问，可分两方面来谈。第一个是了解社会舞台的现况。社会本身是竞争性的，它讲求实力，这一点我想毋庸置疑了。问题在于实力是什么？靠实力竞争虽为大众所认同，但实力是很抽象的东西，商界领袖、舆论媒体，都足以左右一般民众的理念与想法，然而这些流行理念本身其实是很空洞的，所以实力是什么，值得我们深入去认识与探讨。

实力应该分两部分，一是所谓专业能力，另一则是待人处事的能力，两者不太一样。专业是指你在某个特殊领域内，能够独立工作，这无关乎做人处事。做人处事则指和工作相关，而与周边人事产生互动或关联者，比如下班，有人屁股拍拍就走，东西也不收，门也不关，灯还亮着，这就是没有处事能力。真正的处事能力必须打理好周遭与别人相应的事务，此称之为“处事”。

很多人让我们看了都摇头，并非他没有工作能力，而是因为在处事上，他老是增加别人的成本与心理负担。待人就更不用说了，有人可能认为自己的调调就是如此，不必逢人就打招呼，宁可独来独往。这是待人的问题。例如现今有一些学生，与其他年代的人在观念和想法上有所差异，这倒无所谓，但人与人之间毕竟会有互动，因此应该学会协调，此属待人处事。待人处事对于专业能力具有绝对的影响，如果处事待人很差而徒具专业能力，这种人的社会挫折感会很重，他会老是觉得别人待他不公。

我们提到人生定位、肯定自己以及社会活动，一个人如果没有自己的人生价值观，而盲目跟从社会风潮，他将会遗失自己，进而产生一种落寞、空虚感。这种人在人生旅途中是个弱者，当这弱者想反过来彰显自己的存在时，会变得非常专横、跋扈，说好听一点叫沙文主义。他非常独断独行，难以与人协调。

职场上、生活中，随处可见此种情况。家庭夫妻间的关系，充斥着大男人的沙文主义。沙文主义者对生命与人生的价值毫无定见，他只能靠社会影响给予定位。比如外界普遍认为家庭应以男人为主，但他既不明其所以，也不懂得如何做主人。他只是很在意这种社会观感，对自己的人生完全无法定位，没有独立人格，只能依赖外在的价值观来要挟家人，让另一半或子女听从于他。你看看，这是否就是一个非常脆弱的人？

职场上亦然，为什么有人会打官腔、摆架子？一个人如果就会通过官腔与架子来炫耀，以表示其存在。这种人，你一看便知。他为何非得这样不可？实在是因为他内心空虚，不得不如此，否则他没有理由彰显本身的存在而继续活动。由此可见，一个人拥有自己的生命价值判断，是非常重要的。

现代人的教育中，缺乏人性的培养及价值判断的训练。有一次，我跟几位所谓社会精英谈到这个时代的中心价值观，我说有必要成立所谓的“贵族学校”，为正确的社会价值观而努力，藉此重建新时代的伦理观，让现代人活得更好。其中马上有人不以为然：“什么叫贵族？我们为什么要贵族？”其实，我所谓的“贵族”，是指有健全的人格和健康人性的人。一般人往往想不到这样多，所以活得既空虚又无奈，不知活下去要干嘛，然而活下去，为何又那么痛苦？谁来解决这个问题？唯有自己解决！但要怎么解决呢？这需要一种训练。这种训练，不管怎么称呼都好，我们只是图个方便，暂称为“贵族”。

我们所关心的是人们内心的那种孤立、空虚与无奈。当我们失去了人生的价值观时，在社会上就会显得特异独行，严重者还会胡作非为，不惜伤害人性作为追求成功的成本，这样的话，对大多数的人伤害就太大了。

我们进入社会，跟广大的人群互动，必须成为有用的一分子，而非害群之马，因此，我们也需要一些准备。刚才提到，一个是专业的，一个是待人处事的。专业的部分，首先关涉到你的学识、学问够不够，你的见识、胆识……你来到社会，投入这样一个团队你要干什么？“我来了！”来了干吗？就领领薪水吗？

有位朋友跟我谈到他的公司，有一天某员工莫名其妙地把他叫过去：“来来来，你过来……”他觉得奇怪，怎么这样子叫他。员工道：“你看看，桌上灰尘这么多。”他问员工怎么办。“怎么办？你是老板哪！”自己桌上那么多灰尘，居然还问老板怎么办！这个朋友涵养非常好，拿起面纸帮他擦桌子，没想到员工还瞪他一眼道：“以后不必人家说，自己要做。”到底谁是老板？你加入这样一个团队是来干什么的？伙计指挥老板，有这种事吗？结果如何，大家可想而知。时下的年轻人多半如此，这对我们来说，委实令人伤感。

我们不是为了什么特别的成功而来，可是加入一个团队，进入一个社会，到底是为什么？必须做什么？来上班，难道就是负责坐下去跟站起来，其他事都不管？我们除了学识、胆识和见识以外，认同的共识，我想也非常重要。具备了这个，才有可能再进一步谈待人处事之道。从刚才所说的情况可以发现，那名员工的待人处事根本上就有问题。

公司如果有人晋升，你会发现，现代年轻人最常讲一句话：“人家靠关系走后门，会攀缘①，当然升官了。像我们有实力、尽心尽力做，升官反而都没份儿。”事实上，你的专业能力可能有八十分，而别人只有七十五分，比你稍差一点，然而在人际关系、待人处事上，你却可能是零分，而他是八十分，这一衡量起来，公司要晋升谁呢？所以待人处事，应该在家里就要学好。

你与家人、亲戚朋友如何互动，你能否付出那份热心、热情与关怀？你的关怀是冷冰冰的吗？只是口头问好，还是真的很热心，让人家可以感受得到？你是哪种人呢？你的人际关系和待人处事，如果热情与关怀不足，那很难成功，而且烦恼、痛苦、抱怨会不断。所以除了要具备专业实力之外，一般所谓情商教育，与人互动的关系更为重要。这是我们在踏入社会舞台之前应有的一个基本认知。

我们的社会流行着“宁为鸡头不为牛尾”的观念，大家都想要当老大。事实上，那是一种孤立，孤立以后便自以为成就了。人生舞台上，那是很痛苦的一种遭遇。可是今天的社会人却喜欢走这么一条路。那是很可怜的现象，怎么说呢？

首先，人与人之间的相处，其关系谓之“伦理”。一个企业体里面有所谓的企业伦理，你领了一份工作，职业道德也同时伴随而来，

① 攀缘：攀取缘虑之意，指心执著于某一对象的作用。众生之妄想缘取三界诸法，此为一切烦恼的根源。凡夫之人，若起了妄想即攀缘诸法；妄想既有所攀缘，则善恶已分；善恶既分，则憎爱交相而生；于是，内烦众结，外生万疾；此皆攀缘作用所导致的。

你必须尽心尽力，去承担这份责任，这便是伦理。一个人若没有这种伦理观，那他在社会与人互动就难以存活下去。由于他的伦理观不够，所以变得非常孤立，所以他会想要自立门户，自行创业。你想，他那个事业做得大吗？很难！假如他真有那份才气，从日常生活中或平常的工作岗位，就可以看到他卓越与杰出的表现。否则，纯粹只因为与人合不来而想另创事业，那对个人不但是灾难，同时也可能成为社会中随时会引爆的一颗地雷，因为一旦失败将会拖累很多人。

我们无法确定这是否即是我们本身的伦理观出了问题，但可以确定的是，假如你真有那份卓越的能力，那么一定会有一群人自然朝你靠拢，这时你的事业自然会趋向成功。如今问题就在于你自己先假设会成功，所以想方设法网罗其他因素。你一直以为自己是舞台上的主角，所以才宁为鸡头不为牛后，不仅如此，你还自认为是未来成功的英雄。

然而，你能否发愿首先做个第二，做企业的仆人，做某个单位的耕耘者，而不是主人？常听人说："我宁为社会的园丁或螺丝钉。"这样一个小角色，你安心得住吗？大家都认为你是主角，既然如此，那你也认为自己的名号、地位必须突出，所以可以看见今天的社会，几乎人人都很有主见，可是成败之责谁负呢？既然有主见，爱主导，那责任也该自负，成败由自己承担呀！否则，你只想到成功，没想过失败，那万一真的失败了，怎么办？我们的言谈和观念都向成功一边倒，一旦失败就悲惨得无以复加。

这时候你会发现，人很难豁达。你所追求的成功其实是错误的，因为你的起步就错了。错在哪里？即刚才所提到的人际关系、生命价值观。好比开车，你开到一半突然转弯，为什么？只因为想到要转就转了，根本没有目的。换句话说，人生道路若无目的，你随时想转就转，在这种情况下，你常会突发一个念头："这时，我认为我非去试试不可！"

有位朋友，问我拿钱投资生意好不好？我劝他不要，何不利用时间，带太太和孩子去玩，把钱花掉就好了。他说："钱那么好赚吗？"他硬是要转投资去做家具，三个月后，他说他不做了，还问我要不要那些家具。我要那些来干吗？我问他花了多少钱，他说比预算多一倍。叫他带家人环球旅行，他说钱不好赚。现在他一个人赔光了，还要全家人跟着受累，甚至连累亲戚。他跟亲戚借钱出国旅行，人家可能根本不理，但一提起很好的投资构想，亲戚们就很愿意出钱出力。可是失败了呢？欠人家的，还是得自己还啦！这时搞得焦头烂额，还成天跑来问我。我不理，他跑去抽签卜卦问神灵，看何时东山再起。太阳都西沉了，还想东山再起？

在事业上，你突然冒出一个想法："这是很好的机会。"但那真的很好吗？不见得！因为真的很好，必有一个前因，而非自以为是、想当然耳。

以上，都是年轻人的一种特质。遗憾的是，往往有人到了五十岁以后还有这种情况，他年轻时有某些理想，但是可能为了房屋贷款而不敢冒险，如今没有那些顾虑了，也攒了点积蓄，年轻时的欲望便又冒出来。总之，他非得摔两跤，才心甘情愿。

这就告诉我们，人生的过程当中，你在舞台上并没有表现得很好，你原本应该扮演某种角色，却突然来个大转弯，而转弯之后的角色，对你而言却非常生涩、你一路演来颠颠簸簸，这是何苦呢？这一生应该扮演何种角色，就把它扮演好，不必执意换另一身戏服重新来过，否则弄到最后遍体鳞伤，何苦来哉？

你看别人成功很容易，然而一个人的成功背后暗藏着多少人的失败？每个人都知道要努力，但有没有人愿意自己努力来成就别人？恐怕没有！大家都想着自己努力，而他人应该助我成功。但你是否想过，有人要创业，你尽心来帮他，创业者虽然不一定成功，然而就你本身而言，却是成功的。

做个伟大的仆人吧！要做伟大的主人，必须要具备好的机遇，但要做个伟大的仆人，这辈子绝对可以做得好。你当个尽责称职的秘书、参谋，为决策者运筹帷幄，提供优良意见，帮忙提醒他在决策过程中可能造成的疏忽。如此一来，相得益彰，两人都会很成功，因为这是集体的力量。然而这个力量一旦分开了，失败的概率便相当大。所以期盼大家能真正有所感受，上台伊始，就该从人生的角色与定位上来着眼，而不要一直把自己当成舞台上有成无败、万无一失的主角。

上了舞台以后做什么？不是追求成功吗？不！不是人人都能获得成功，但要表现得很出色却绝对是人人办得到，而出色不就意味着成功吗？这个成功的内涵不是要击倒对方，此一观念或许很难为人接受，因为大家鼓吹的，都是想尽办法击倒对手。然而，我们在打倒对手的同时，往往也让自己牺牲了，这时两蒙其害、双双失利，对整体社会而言，有何好处呢？要知道，竞争过程中，不论成败都得活下去，这才重要。

我们进入社会，要尽一己之心力为大众服务，可是更重要的是，每个人都需要生活。然而我们步入社会舞台所承担的两个责任——要活得好，也要贡献得好——其实是很多人难以调适的。各位想想，你在人生舞台上，这两个目标是否都达到了？

如果你把目标在“我要成功”，那么可能两个目标都随之消失。我们所追求的不是成败得失，而是如何生活得有价值、有意义、有尊严，对社会的贡献是否足够。

我们常说要服务社会，既然如此，那你的意见好，我就支持你吧。可是大家都有自己的意见，常常都坚持己见，怎么这样子呢？这哪是服务社会？这根本是意气之争，与现实生活完全无关。这是怎么来的？就是因为只想成功、只想打败对手的心态，而忘了自身来到这世间的目的是什么——必须享受，享受生活才对呀！

一些名流明星，可谓四海扬名。但你可曾见过他们带着太太或家人，漫步在公园里享受？没有！除非到了拍广告炒作之际。你看，多无聊！难道这些美好的景色只供记者采访、拍照用？美好的景致，应该要尽情利用、享受。我们需要的是生活的尊荣、人性的庄严。

然而我们往往弄反了，要的是成功，要的是财富、权力、名声等，于是在人生舞台上被逼到了死角。在那个角落里，存在的本质等于成败得失，“人”这个主体不见了。人性荡然无存，即使成功了又如何？你真的享受到成功了吗？如果理想破灭了，那更悲惨，这一生完全破碎了。在这种情况下，你哪曾上台呢？你根本未曾上台，才走到舞台边缘，就已经摔得一塌糊涂了。或许在你的内心里，你觉得自己的定位相当成功，奋斗也很出色，事实上，全都空洞不实。

我们能否冷静地想一想，这辈子以来，人生奋斗到底为谁辛苦为谁忙？进入人生与社会的舞台，并非为了计较成就、论断成败。不是每个人都能成功，然而不管成功或失败，都要好好地活着、生活得有尊严。这时再回头审视自己的人生舞台，一切都只是尽力履行我们扮演的社会角色所应有的承诺，然后再回过头来陪伴家人，过自己想要过的生活。

你是否曾带着家人徜徉在河畔海边的晨曦里？你可曾漫步在草坪上，沐浴在夕阳余晖中？你可曾悠闲地端起咖啡，与同好分享？你整日忙碌，所为何来？难道不是为了与家人分享奋斗的荣耀？可是，你又在哪里与他们分享呢？在嘈杂的交际应酬里，男人个个西装革履，女人个个珠光宝气、花枝招展，这叫享受吗？这类应酬只是徒增忙碌而已，一回到家，什么也没有，只剩疲倦。何时我们才能与天地交融？何时我们才能与造化合一？何时我们才能真正依偎在大自然的怀抱，在自己创造的成果里，手携手，心连心，一起分享我们为社会所付出的努力？

如果我们能真正从中分享到这些快乐，到时候，我们对于此种享受，将会由衷地感到荣耀与满足，不但上可告慰先祖，下可昭示子孙。我们努力与奋斗的成果，可供子孙享受，更希望他们往后的人生能有更美好的康庄大道。

让我们一代接一代，在社会角色、社会舞台上永远不断推陈出新，让大家都能拥有美好人生吧。这样串联起来的历史，才有价值，才有意义！

第二讲

给学生的人生必修课

青年朋友是未来的主人翁，他们还未上舞台而正处于准备阶段。

我们要谈的是青年将来成功所必须具备的一些条件。今天社会教导我们争取成功，可是这得有个先决条件，即适者生存。如果你无法适应这个舞台，显然会失败，所以成功前要先能适应，那么我想，心理准备就相当重要。

第一个心理准备就是要真正认识你的舞台。台上演的是古装剧还是时装戏，如果你都搞不清楚，那还未上场表演恐怕就先阵亡了。我们跟舞台之间要先有个共识，这个共识怎么进行呢？分两方面来谈。

一是你追求成功时，必须具备哪些专业能力？我们发现，今天社会上的成功者，往往不仅需要专业能力，不仅要拥有真正的实力。有的人为了成功而不择手段，所以实力也变得没意义了。一些拥有实力者渐渐沦为失败的一群，因为他们失去了人性的价值，这种努力奋斗没有意义。

我们来到这世间，不是为了争斗的。不管您是否接受这种讲法，我们是人，不是阿修罗①。阿修罗不斗争会很痛苦，而我们则需要好好生活；为何要彼此抹黑、伤害，你能从中得到什么？只有“胜利”两个字而已，这对人生来说非常不好。我们要把实力展现出来，而实力，前面谈过，它包括你的专业，还有待人处事的能力。

另一方面，我们要谈的是人性本身的一个特质。一个人的成功，除了本身在社会舞台上的表现以外，最重要的就是他的生活。从哪里看呢？从人性表现来看。人性的本质是善良的，可是被某些因素扭曲以后，生活变得不安、恐惧，随时感到一股莫名的压力，这样的话，成功不过如镜花水月，有何用呢？

拥有一个很健康的心理，一个很扎实的人生，一个恬适的生活状况，比事业的成功还来得更重要。如今，我们很难看到有人为了家庭、父母、子女，愿意舍弃事业回老家来，过着幸福、朴实而踏实的生活。四十年前的乡村虽然落后，但生活很踏实。而今都市化程度已经很高，我们反而发现人生过得不踏实。大家好像都有一份事业，似乎也经营得不错，但不知怎的，内心却感到异常空虚，这就是人性的失落。

未来的主人翁们，在进入社会与人一争长短时，不要忘了，充实人性才最要紧。我们宁可事业失败回来，也不要丧失人格和人性。不管从事什么行业，为了争取事业成功而不惜牺牲人格、人性，乃至葬送生命价值，那已不成其为人了，而变成一部很会斗争、赚钱的机器，无法感受人生实质的存在。

---

① 阿修罗：略称修罗，为六道之一，八部众之一，十界之一。阿修罗为印度最古诸神之一，属于战斗类鬼神，与帝释天争斗不休，常被视为恶神。

你吃的是花费高昂的珍膳佳肴，然而你是否好好仔细品尝？只是看了报纸的报道，便趋之若鹜。你进去是因为有空位，出来则是刷卡完毕,东西好吃吗？虽然拥有短暂的口感,可是真的体会到了吗？钱是花了、东西也吃了，此外一片空白，这是我们一般人的通病。

不幸的是，学校、社会教育有一些这样的问题。我们何时才能赋予学生绝佳的生命情操及人生格调？我们不见得要让他们学习音乐赏析、绘画鉴赏，等等，这种教育今天都变成表象了，显得很多余。我们应该通过音乐、美术，让孩子们得以感受生命真善美的存在价值，让他们慢慢品味自己的人生。然而如果你连吃饭都品尝不出来，对音乐能品味吗？你能欣赏什么样的音乐呢？许多人重视的，无非都是声光色影的刺激，而且愈刺激愈好，这是为什么呢？

生命的存在，往往得在一段时间里去慢慢咀嚼、感受。如夫妻两人必须长时间下来，才能慢慢去感受彼此真正的爱，而不是在一起火花四射，离开后就落寞不堪。同样的，人与人、人与物之间，是否也能如此一体感受呢？走在水边、行在路上，都是生活，都是享受啊！在这平和的时代如果都体会不到，难道要到战乱纷起时，才去追悔太平日子吗？

未来的主人翁所应该具备的，除了专业能力外，还应该要有一些“人性”的基本内涵。这种讲法似乎还太抽象，我提几个比较具体的内容供大家参考。第一个，就是合群的能力。首先我们发现，人与人相处不是只有在一起而已，还需要一种深度。假如彼此只是一种表面的相处，那是很危险的，他随时有离开的可能。能够建立共识的基础，才能叫做“合群”。

社会上，大家有什么共识？建立一个家庭，要有什么共识？两人在一起就结婚了吗？不是！应该要有家庭共识作为前提。同样的，踏入社会或进到一个单位里工作，你有没有那份与人共事的共识？有了共识，才有合群的能力，否则合群只是假象，只是相处的表面工夫，更可能是出于某种利益，这样的话不叫合群，而是利益结合。

大家相聚不是凭借冲动，或基于特别的嗜好，而是有一颗长远心，为了团队而愿意奉献、牺牲，这才叫共识。我们彼此间可能观念大相径庭，做法迥然不同，那么基于共识，便愿意去妥协、包容，甚至欣赏、接纳他人的意见，同时又能尽己所能去彼此协助，这才叫做共识。

由此，我们也看到了合群、团结的那种巨大力量，如果没有这份共识，合群也不过是一群乌合之众的集合，社会也无由进步，而我们所能分享到的成果也会不足。结果，我们会怪罪于对方，这时，斗争便会再起。

因此，年轻人的当务之急就是先学习培养与建立共识。在此前提下，首先应有牺牲的精神，否则怎么达成共识呢？这个共识是我们所亟须积极建立的。当今许多人缺乏共识，我们的教育也忽视了共识的教育，大家为了争得一席之地，便坚执己见而和他人对立，好像愈能制造对立就愈能显示自己的才华，这是人性的不幸。

我们如果要建立共识，从平常的生活里，从语言表达上，就可以经常注意。你嘴上说 ：“你对！你对！”假如你意在挖苦对方，脑筋便会出其不意急转弯，冒出一个新东西。你看起来很有才气，可是这一整群的意见却在当下被破坏了，这样的话，很容易阻碍进步。

想想看，我们应该怎样集合众人之力？有共识，才有可能团结。这是眼下的青年人在迈向人生舞台之际，应该具备的广阔胸襟。假如你认为只要自己成功就好，其他不管，这种自扫门前雪的人生观，会让你的前途很可悲，严重的话，社会还可能因此埋下动荡和不安的种子。所以“共识”是每位青年学子应该及早培养的意识。从哪里着手？就从学校开始。与同学相处是最好的前行①训练，而家里的共识训练也很重要。

今天的家庭对学生而言，有的竟成了旅馆、饭店。家庭成员为何不能发挥应有的价值，就是因为家庭里没有共识。家庭哪有什么共识呢？当然有啊！可是我们有的家庭教育很失败，父亲忙于事业，妈妈忙于应酬，孩子忙于课业，家庭变成空洞的旅店，缺乏温暖与关怀。孩子在家几乎成了老大，因为父母亲忙于事业而疏于教养照护，愧疚之余只能没意见，任由他去，这已不是爱，根本就是宠溺。这孩子的未来前途怎么办？所以，给予青少年学生真正的关怀，第一步就是教导他如何与人取得共识。

第二，我们要给他生命关怀，以激发其人生热情。热情在哪里？在于对世界的关怀与付出。孩子们对猫狗宠物只是一种单纯的依赖，还是出于对生命的热情呢？通过家里的猫狗宠物，或客厅摆设、厨

① 前行：旧译方便，即加功用行之意。乃针对正行之预备行。据《成唯识论》、《大乘法苑义林章》所说，接近见道的四善根之位，特称加行，然亦广通资粮位。密教中，受传法灌顶之前，依方便所修之行法，称为四度加行。即：十八道法、金刚界法、胎藏界法与护摩法等四种。又此四种修法各分为前行与正行，其前行亦称为加行。在四度加行之前，须先习诵诸经、陀罗尼、梵呗、歌赞等外在仪式。其次，以四度加行进入密行之初步阶段，进而受传法灌顶，而成为阿阇梨。

房餐厅的物件、盆栽等，都可以训练让我们产生爱心，假如对家里这些重要事物都不关心，请问，你还会对什么关心、产生热情呢？如果你的孩子对所爱的事物、所喜欢的人才会完全投注与付出，其他则漠不关心，你会发现他将来禁不起挫折的考验。

照理说，人的生命能量是一致的，假如他在家里能对家人及屋子里的一切建立起一份感情的话，其生命能量也会在此无怨无悔地付出。否则，他把能量转移出去，那么一定是投注到不当之处，如网吧、舞厅、KTV等，他会尽情地将生命能量耗费在那种无谓的游戏场所。如果他有了心仪的对象或好友，他当然把全副生命投注进去，然而一旦当中发生挫折，他的生命也会变得很脆弱，他承担不了。

这是今日的青年学子所面临的危险。我们应该怎样引导他们，使其生命能量用在该用之处呢？学业、家里都是一部分，但更重要的是培养其拥有真正健康的情操，比如运动、音乐、舞蹈、绘画……趁早培养他们这方面的认知与感受，那么其生命情操就会转向光明面。

我们谈到热情的状态时发现，当今的青年流行着所谓的“酷”。“酷”是冷漠，假如这只是表现于外在，当成一种流行元素，倒也无所谓。可是内心一旦也变得冷漠的话，恐怕就是一种灾难，不但是个人的灾难，也是社会整体的灾难。

热情的关怀是不可或缺的，对自己，对周遭所有人、事、物都是如此。热情的本身，事实上带有一份责任与使命。年轻人的热情多半都只是一种嘻嘻哈哈，他们笑声很大，可是这背后却隐藏着落寞与空虚；他不是用哭，而是通过笑声来宣泄内心的空虚，反其道而行的结果，就是变得冷漠、变成酷，这是非常不幸的现象。

身为群体的一分子，不仅对社会有责任和使命感，对自己本身更是如此。我们要从共识里培养出热情，从热情当中产生责任和使命。对自己的责任和使命并非出于自私的动机，而是一种负责的态度。我们不让生命空过，也不虐待自己。要怎么活得好、过得自在①、解脱②，这完全不是自私，也非吝啬，更不是偏激的个人主义，乃是出自于热情。所谓社会使命也跟所谓的“狂热”不同，它是一种情操，由此产生真正的责任与使命感。社会的安定、繁荣和进步与我有关，那我要怎么付出，这一点至关重要。

我们在学校里似乎都没学到这些。我们要让个人、社会和家庭皆能今日比昨日更好——这份使命感有没有培养出来？我们来到这世间，只要我喜欢，有什么不可以。当然可以，但不是让别人来负责，你在一旁纳凉满意，喜欢的同时也伴随着责任与使命；我们带有使命，才能让喜欢成理，否则只是任性而已。今日大家生活富足，几乎要步入发达国家的阶段了，但有人却感到生命也同时空洞化、空虚化了，这就是因为缺乏责任感与使命感。

谈到责任和使命，并非要凌驾于任何人之上。可别以为有了责任，

① 自在：又作无碍、纵任，即自由自在，随心所欲，做任何事均无障碍。在佛教中，此为诸佛及上位菩萨所具功德，故佛亦称为自在人。菩萨所具之自在力，依各个经典所载，而有不同种类，如二种自在、四种自在、五种自在、八种自在、十种自在。

② 解脱：意谓解放，指由烦恼束缚中解放，而超脱迷苦之境地。因为能超度迷之世界，故又称度脱；以得解脱，故称得脱。广义言之，摆脱世俗任何束缚，于精神上感到自由，均可用以称之。

就应该当主管，当总统。责任与使命并非单一的，我们所面对的是整体社会的安宁、互动与成就。为了让社会和谐发展，每个人都应该从自己所扮演的角色上去发挥使命感和责任心，而不是去创造什么了不起的名号。如果基于责任就想要坐大，非得当老板不可的话，那就大错特错了。

责任，就是把角色扮演好。这一点好像很抽象，可实实在在是我们教育的重点。我们该让青年学子有这一层认识：对自己的责任和使命不是讲给人家听的，而是深刻去体会与感受，应该体悟生存、享受生活与生命！不要仅仅为生存而挣扎！应该留点空闲，让自己徜徉在生命的洪流里，去感受生命的存在，感受自己的生命在过去是如何，在未来又是如何。去感受这份存在，便是对自己应负的责任心与使命感。

那么进一步说，对于社会使命，我们呵护它成就、成长和繁荣。把自己的角色扮演好，更进一步促使社会繁荣进步，这是我们尚未上台前就应该要有的心理准备。青年学子假如缺乏这份认知，将来进了社会，上了舞台，会像漫无目标的苍蝇一样横飞乱撞，到时社会便乱象纷呈了。你说他没有生命朝气吗？有！可是却又很混乱，因为没有目标、没有使命感，缺乏责任心，即使死命地做，也不知所为何来。

要了解，尽其所能地完成一份工作，当下便完成了两个责任：一是对自己负责，不空过；第二则是对社会负责，扮演好了自己的角色。每个人都把自己所承担的事做好，社会便很安详。你想到今天已把工作责任善了，可以无愧于心了，安然回家与老人家、另一半或子女们好好相处，愉快畅谈。这当中有任何感受，可以和家人分享，有什么疑惑或能力不及之处，家中长者可以指导。

就在这种气氛里，我们很稳定、祥和地航向人生愿景，静静成长，谧谧繁荣，圆满一生，这样的人生真有意义！这时，我们虽非功业彪炳的英雄，也非开疆辟土的君王，只是一名幸福、快乐、自在、解脱的寻常老百姓，但社会的进步与繁荣却也少不了我。孩子们、年轻人，若都有这样的认识，我们的社会肯定会非常完美。

我们的学生在一些学校里学什么呢？斗争、竞逐……那么将来大家都一起功成名就吗？我们的一生总共有几天？即使活一百岁，也不过才三万六千五百天而已，难道要为这些虚幻的权位、名利浪费掉生命？所以人生的重点不在于能否当老大，而在于能否善尽应尽的责任。

一位社会贤达的成就，亦即社会成员的共同成就，这样来看才有意义。如果对于每个人的成功，我们都负有一份责任与使命的话，那么其成功也就是我们的成功，这样每个活在世间的人都会感到很有意义。否则，斗争、打垮对方以图出人头地，这让人们变得刻薄，让生活处在恐惧与不安当中，我们必将患得患失，永无宁日。

真的，给青年学子应有的生命教育吧！让他们了解责任与使命有多么重要。不是争着当老大，而是做好分内的事，扮演好应有的角色，完成天赋的责任，如此，社会繁荣与个人幸福结合，我们便得到了人生旅程中最真切的幸福感。

最后有个问题，很多成功的企业家希望子承父志，接管庞大的家族事业。其实他们接管的不只是个人事业，更背负着巨大的社会责任。然而这毕竟是少数人，我们绝大部分是平凡的青年人，如果人人都争着当老大，都想占个山头，当金字塔顶端的人物，那么中间或底层靠谁来支撑呢？所以期盼大家能够教育子女，故平心态，甘于当个称职的参谋、秘书，全心扮演好副手或伙计的角色，那么我想,社会将会更趋于完美。一旦人人都甘于就副手之位去尽心尽责，这时绝大部分的人也都能把耗费在争斗的时间与精力转而投注在生活享受上，进而拥有意义丰富的人生。到时候，事业的成败也都不重要了。

现在，就看我们如何培养青年学生感受人生价值的能力了！因此，如何教导学生们开发自我，更为重要。书固然要读得好，但读不好却有工作能力，可能柳暗花明又一村。你看那些善于盆栽、园艺或打理家庭的人，他们似乎更能感受生活的真实性，事实上他们是比较幸福的。他们能珍惜、安住，他打点得井然有序，更不必借由名贵沙发、高级装潢来彰显。我想，能够懂得珍惜，让家里窗明几净，那就是生活中的一种享受了。

一个人再怎么忙碌，当他忽略了家居生活，那就一切去矣！他对孩子的教育，一定也会产生极大的失落感。所以，我们应该好好指导孩子如何整理家务，让他从中感受人生的价值与意义，而非一再鼓励他去外面与人勾肩搭背，做种种攀缘。

我们在社会上的成功，一方面是靠专业实力，一方面是基于自己的人性。专业实力固然不可缺，然而人性方面，比如广结善缘，笼络人脉，恐怕比专业实力还要来得重要。所以怎样指导孩子拥有很好的人际关系，我想对于其将来的发展会有很大的帮助。

职场、事业上有专业能力的人，要处置事情和完成任务并不难，难就难在他能否与人相处完美，能否得到他人的支援。反过来说，当你拥有很好的人力资源时，你也不一定非得出面当老大不可，你可以好好运用这种资源，完成职场上所赋予的任务，这是我们在学生时代所应具备的观念。

留给青年学子这样的观念，比留给他事业和财产还来得重要。他拥有这项无形的资产，将来在职场或人生旅途上皆可无往不利，不需要我们操心。你若只赋予他专业实力，却鞭策他去跟人家斗争、竞赛、增加对立的话，他定然会挫折连连。

青年学生很重要的一件事情，就是广结人缘，不要制造无谓的意见与对立。因为这是一种负面的人性，对人性是有伤害的。广结人缘，就是能够接纳或欣赏他人的不同意见。你难以接纳他人，显然也在制造对立、制造敌人了。

敌人一再出现，对我们只有打击，你在抗衡的过程中也会发现，自己的人性结构也开始产生偏差，濒临跌入谷底的边缘。

为了克服这些困难，所以我们才一再强调人性完整的重要性。人脉、人缘的好坏，影响着人生的幸福与否。假如我们有协调生活周遭一切资源的能力，再配合自己原本的专业实力，我想，不但事业会很顺利，人生价值也会升华。在这世界，呈现你眼前的，总是一条宽广的道路。面对未来，你将会感到兴奋、幸福与快乐。

我们在此祈祝每一位青年学子都能拥有幸福美好的未来。

第三讲

青年精英缺少些什么?

青年精英，是指今日已经步上社会舞台，担当社会重任的青年朋友们。

对社会而言，青年是新鲜人，与学生不同。学生尚有家庭可以依赖，回家有饭吃，起床上学去，而青年人与学生最大的不同，就是必须独立。他必须担负起责任，开始全方位面对社会。不仅如此，人格也必须完全独立。原本在家或求学经常咨询父母和师长，如今呢？他必须独立下判断、负责任，成败自己担。

在这过程中，他所表现出来的是一种生命的质感，生命质量的高低皆由此验证。原来在家、在学校，他充塞、学习到了某种生命内涵，这时独立了，他向社会表现的，也就是以往生命品质的总成绩。此后的重点就在于，他负有责任又必须独立，再也无从依赖了。

但如今有些青年出来面对社会了，却还在依赖。即使成了家，夫妻俩也一起依赖着过去的家庭。由于依赖，造成了人性的空虚，以及无法自主，于是在心理上产生一种落寞和空洞感。这种人其实是社会的弱者，这弱者为了顾全脸面，很容易恼羞成怒。这种年轻人对社会来说，将成为一种沉重的负担，即使成了家，也是一颗不定时的炸弹。

当今家庭有如社会里的一颗地雷，随时有被引爆的危险。这是由于我们的一些青年不够健全，为家庭带来沉重的负担，结果，家庭其他成员也跟着精神紧绷，于是随时可能闹出问题。你在家里的生活无法圆满时，回过头来在社会、职场上的表现也会开始产生扭曲。

身为青年应该具有一种认知：你身负双重责任，一是社会责任，一是家庭责任。家庭责任，尤其是和个人的人格息息相关的，当人格不够成熟、完美之际，家庭便会产生问题。因此，青年精英们在面对社会时，他需要有个婚前教育，让他开始了解到由个人到组成家庭之间的问题。家庭是个人的扩大，那么你在找寻对象时，就应该要找到一个能与你建立家庭共识的人，以共同成就①未来的责任。

你所找的对象，若未经这一番筛选，可以想象，未来天天在家相处，时间不需要太长，大概不出半年，你就会深感格格不入。俩人的相处难以圆融，这个家庭便有如残障一般，为了处理这伤害家庭的问题，你们彼此都会感到一股深沉的心理压力。那么，现代社会流行的解决办法，就是走上离婚一途。本来你可以毫无后顾之忧，全方位地承担起社会责任，现在家庭破碎了、离婚了，你无心工作，社会责任对你而言变成负面的影响，它成了一种负担、一个阻碍你成长的重大包袱。

因此，青年在投入社会之前，应先有完整的人格教育，如此在面对家庭责任而毫无心理的障碍时，便能承担起社会责任。青年所面对的，除了自己以外，家庭和社会两方面的责任是绝对不可避免的。在此前提下，他所应具备的气质和本色就是独立、负责任。

---

① 成就："得"的一种，指已经得到，而且至今相续不失。具足、所有、支配之意，即具足七宝或戒、定、慧等，并于此自在，称为成就。或是完成志愿之意。

没有责任的青年，在社会上不过是个混混而已，他无法独立，又怎能期盼他成为社会的中流砥柱呢？所谓独立，并不是非要当老板不可。社会成员无法独立，所表现出来的就是任性。通过任性或反社会的行为，表达其个性和想法，于是也逐渐被边缘化了，难以成为社会主流，更别提中流砥柱啦！归根结底，都是因为缺少个人应有的生命品质。所以我们才一再呼吁青年重视两个要点,即“责任”及所谓“健全的人格”。

这当中，若涉及职场上该如何沟通、协调的问题，乃属进一步的专业领域，在此略过不谈了。我们要强调的是，青年应有的认识，除了家庭与社会两方责任外，还有一个比较重要的观念，就是“使命大于成败”。

你成家立业后，要有家庭的使命感，于是必须要有跟家人维护共识的使命感。今天社会离婚率居高不下，就是因为缺乏这份使命感。他们在成家之前，毫无共识，为何结婚也不知道，反正看对眼、对味了就结，一旦不合就离。然而家庭组成不是这个样子，它有一个共同幸福快乐的共识，有的人甚至会进一步考虑到生几个孩子、怎么教育的问题，当然这已属细节问题。有了这种家庭共识和使命感以后，碰到任何事，两个人都容易协调，都愿意在共识的前提下，互相忍让、包容、接纳，如此一来，怎会有失败的家庭呢？

第二个部分，有关社会责任的问题，也是使命大于成败。在职场和社会上，只要想要争出头，就有成败的问题。如果你与人取得共识，并以使命感为责任，你便只是尽力、尽责地好好做一件事，独立完成任务，这当中哪还有成败之分呢？今天大家患得患失，是因为一些西方经济学鼓吹竞争所引发的后遗症。竞争的目的就是要分出胜负，不但商场如此，生活中也不例外。

以喝茶为例，这有什么好竞争的呢？然而茶种不断推陈出新，本来平地上的茶，非得标榜是山上的茶，然后更讲究高山茶，将来恐怕就天上茶了，真不知道最后会竞争到哪里去！可喝茶的乐趣、喝茶的意义在哪里呢？不但茶叶竞争，茶壶也竞争，喝茶的情趣荡然无存。这就是社会成败竞争的观念所促成的。如果我们喝茶，只是真正地在品茶，感受那份生命的乐趣，那么高山茶或平地茶，有何区别呢？重点在于你能否懂得品尝、享受，而非着意竞争。

所以呼吁青年应该拥有使命感，少一些成败斗争的得失心。使命感促使我们对社会作出承诺，即使承诺的并非什么丰功伟业，但兑现承诺之际，我们在日常生活中便一分一寸地付出，这样付出完美而圆满，同时，也能深入我们的生命领域，而不会脱离生命去做一些无谓的事。

今日的一些青年，多半未在使命感上下工夫，而在得失心上面百般计较，所以运用种种手段，导致人性生病、疯狂。大家奋斗为了什么？你真的在做吗？那何不静静地进行，做完以后，还可带着妻子漫步河边，徜徉在风景美好之处。这不就是为社会贡献以后，所得到的最佳回馈，你何不好好享受它呢？

青年精英们,应该建立起很强的使命感。这种使命感涵盖了社会、家庭以及个人的人格的和谐。职场上的成败已非重点，我们只是尽心尽力使它圆满。这个圆满的本身就是真、善、美，否则只有得失心的话，第一，真善美消失了；第二，那种铜臭味、市侩气就令人难以忍受。今日社会普遍充斥着得失心，让我们偏离了生命的航道，走入争斗的漩涡。生命的纯洁性丧失了，来到这世间的使命也被抛诸脑后。我们难道是为了来与人争斗，受人谩骂的？这称得上社会精英吗？不！这只让我们感受到莫大的耻辱罢了。

我们还应懂得“家庭大于事业”的观念。很多人追求事业的成功，可是呢，身体垮了，中风、癌症、出意外，甚至在事业迈向巅峰时，却心力交瘁。各位想想，这样子是在做什么呢？你事业成功，但家庭却破碎了；你一个人病垮了，家庭不也跟着完蛋？其实也不必等到病垮，当你完全把心力投注到事业时，其实就会忽视家庭。你的另一半为你牺牲，子女也没机会与你相处，人间①事，你所得到的，其实只有一半而已。

各位可曾想过，何时能与家人聚首闲坐，好好地话家常，享受天伦之乐？事实上，无法享受天伦之乐的，不能够与家人、子女话家常的，实在称不上好的青年精英，只是个孤独主义者。

我们解孩子们在想些什么吗？如果孩子做了什么，却没有一个父母真确地明白，那么家庭危机也从这里开始了，但身为父母的却茫然无知。乐观的会说孩子个性好，悲观的、不了解孩子心事的，就开始愤愤不平，甚而扭曲自己的子女。各位想想，这样事业再好，有用吗？

家庭是事业的基础，你的事业兴旺发达，家庭却冷冷冰冰，这

① 人间：在佛教中，指人所住之界域。又称人间界、人界、人趣、人道或称世间。印度原语及汉译之语，皆以复数表示；若人想要真正为人者，必须与众人接触，谋众人之幸福。

样能对称吗？家庭最重要的是温情，而不是很好的装潢或摆设。青年精英显然是家庭的主角，如果每次家庭活动你都缺席，那为什么你在社会舞台上却样样出席呢？这人生，岂不是颠倒了！

因此呼吁青年精英们应该审思一下，以家庭为重，以家庭这个事业的基础的成就、温馨，来带动事业的成长。大禹治水，三过家门而不入，他赢得了事业，这固然是历史美谈，但从家庭的角度来看却未必啊！他的子女没有能力，事业不是很顺利，他身后有人谋权篡位，事实上他的家庭教育很失败。所以，我真正希望通过这例子而认识到：拥有一个完整、健康、温馨的家，才是事业万年永续的基石。

我们事业成功之余，请问与谁分享？这是个很沉重的问题。由此我们又得到一个结论："人生大于竞争。"

我们来到这世间，不只有争斗的得失心，西洋人很喜欢通过竞争来消耗体力，竞争的本意是用和平手段公平比赛，而不把生命力消耗在打斗上面。这是很好的构想，所以他们对于竞争本身并无强烈的得失心。可是我们的竞争却得失心极重，结果终其一生都在追逐，都在患得患失伤脑筋，这种人生非常可怜，也非常遗憾。

一个人开始在社会舞台上初露头角，这时候的竞争，是为了打基础而在社会舞台上找一个入口处、切入点，这时是生存大于生活。身为社会新鲜人，他对这一切并不了解，他的心是在生死成败的边缘上没错，这时他纯粹为了谋生存。当他逐渐适应了以后，就不再有那么强烈的得失心了。如果这时他能停下来，只选择好好扮演这个角色，往后就随缘的话，他未来的人生会是丰富而宝贵的，因为往后他都是在享受生命，而不为了生存汲汲营营，做好分内的事，剩下来的就享受人生。

然而今天许多人却不这么想。他们认为，既然有了基础，就要赶紧往上爬，然而当积极地一阶一阶往上爬时，我们也发现他们完全处于生存边缘。这样的人格已经进入了负数的状态。他非但是在生死成败的边缘上挣扎，而且已经陷入了极度的恐惧，才会无所不用其极，出此下下之策。

你一辈子如果都这样走来，可能会认为这种人生才有价值和意义。然而事实绝非如此，把生命定位在那么刻薄的人性里，这种人其实就活在水深火热中。他不能做错事，否则就完了，而他真的做错了吗？并没有。

我们要的是生活，而不是为生存而挣扎。一个人若步上了这条路，那他的一生就变成了空壳子，毫无内涵，不知感情为何物，不知夫妻生活的实质是什么，不知家庭生活的珍贵，更无法与子女有交心的美好体验……他完全没有！他只有得失、竞争、恐惧。这种人完全扭曲，看不到人性的光明面、人性的温馨，他没有自信。这都是因为在强烈的竞争情境下，人性变得扭曲。

对竞争的误解，被我们用到人生上面来，让人性都刻薄化了。于是，我们也都跟着活在表面而无法深入里层，触摸生命内涵，沦为只知斗争的高级动物。

有的人没有社会责任感和使命感，甚至忽略家庭，更有甚者，连带的也让家庭成员也忽略了本身的存在价值，全家人跟他一样狂热地竞逐，人性已然沦丧、异化了，这时还有什么社会良知可言呢？

前面提过，社会使命感来自于家庭使命感，而家庭使命感则来自于健全的人格、健康的人性，而这社会要如何能够稳定、祥和、繁荣起来，关键就在于我们每个人的人格养成教育——当然，这也是我们对青年精英们的期许。

青年精英具备了健全人格的条件，到社会上来竞争、奋斗，事实上只是展现自己的能力，而非秉持打垮对手的得失心。假如是为了发展自己、挑战自己，我想，得失就不那么重要了——我可以再成长、我可以更好！——这时候，重点在于成长，而不在于得失。

与人竞争时，得失心很严重，可是与自己竞争，却是一种成长、一种荣耀，因为超越了自我。这是个人的“成长”问题，是一种自我使命感，如果使之扩展为家庭与社会的使命感，那就是良性的了，也是很令人庆幸的事，社会将因此而感受祥和安定，否则过度竞争、得失心会成为毒素，严重戕害我们的社会。

眼下青年精英们都已经上台，未来的青年将变得更成熟。我们期望青年人：

第一，要独立，然后有责任；

第二，要热情，且能够懂得关怀；

第三，有使命感，不要有得失心。

我们应该基于人性、人格的基础，来培养一个对自己、家庭和社会都负责任的青年，而非为了成功不惜一切代价葬送人性的异形。当然，有些人长期以来处于竞争的圈子里，人性早已扭曲，这种情况下想要谋求和谐安详，是不可能的。所以我们才提出这样一个模式来鼓舞青年们。

真的，我们是要来生活的，不是要像某些人那样，为了生存而天天陷在挣扎中。

我们的奋斗，是要为社会带来祥和，为家庭带来幸福，为自己带来人性的尊严与安慰。如果奋斗的结果是社会动荡不安，家庭恐惧，而自己又极度茫然，那怎会是我们所应拥有的人生价值观呢？

问题是，某些社会问题造成了人的异化，也已经让我们中的一些人产生了心理问题。我们的内心冲突而矛盾，妄想着要成功、要竞争。怎会弄成这样？你想去改变，可是无能为力。这种无奈，正来自于一些价值观的异化。大家都用既有的方式让竞争加热，让社会的不安加温。大家都在利用这种不安和恐惧来发展个人的竞争优势，随着竞争的加温、加速，每个人都被沉重的压力逼迫着。

如果我们不觉醒，便绝对无法改变。大家有了这一份觉醒，先通过心理矫正，然后就有可能开始调整、匡正人生方向。而我们有没有这一份觉醒呢？

大家要学会重新为自己定位，肩负起家庭责任，对于社会，也就会有进一步的体认。在此前提下，我们的人生将会是温馨的，家庭生活将会是幸福的，来到社会也不至于感到茫然。我们认真付出，并且感受到社会充满了祥和与进步。

美丽的世界距离我们并不遥远，关键就在于我们的觉醒。觉醒！我们将很快进入美丽的新世界，拥有灿烂的人生。

第四讲

什么是叛逆?

叛逆是什么？有关叛逆的问题，大家凭直觉都想到是子女的教养问题，这确实也很令人头痛，但无论如何应先弄清楚，我们为何会把“叛逆”这个字眼加到孩子身上？

何谓叛逆？所谓叛逆，是指有一个标准，有人违反了这个标准，而且又不听规劝。这时其实应该注意，这个标准本身是否有问题？而且不服从标准，是否真的不对？这才是要真正反省的地方。

通常我们都以一种权威作为标准，子女不服从此一权威，便指其为叛逆。然而这个权威真的对吗？通常这种权威也符合时下的风潮。这种标准是会随时空而转变的，并非完美无缺，何况父母们在引用这些标准时，自己本身也有问题，这时候，一个有良知的孩子或许警觉性比较高，他发现这个标准不正确，再加上引用标准的长辈本身也有问题，想想看，这个孩子怎么会接受呢？这个孩子如果是个温和的人，可能不会表达意见，但假如是个有主见又勇敢的人，就会显得叛逆。

事实上，这个叛逆之名，对孩子来讲是很不公平的。孩子只是对这不公平的标准表达不同的意见而已，可是我们竟然视其为叛逆。事实上，我们应该对主张叛逆的权威者施予再教育才是。

一开始，我们必须理清，今天的青年人跟以往时代的青年已经不太一样。旧时代的人，对于知识来源、对社会的认知，基本源头来自于父母、师长，除开这些以外，根本没有其他的途径。因此，他们很容易和父母、师长拥有共同的认知。即使获得其他长辈的教导，通常也是向善的、符合为人处世道理的，所以我们就称这些人为“善知识”①。

但时移势易，情况已有所改变，子女们获取的知识与资讯，几乎有九成都是从电视、报纸、杂志乃至网络上来的，而非来自父母、长辈或师长，再加上父母亲们都忙于柴米油盐而在社会上努力打拼，这时对子女的教养及知识的灌输便容易疏忽。这条通路因此就可能枯竭、断绝了。父母、长辈的做人标准，这时跟孩子们的标准产生了极大的差异。

当长辈们用其标准来衡量、判断子女们的标准时，往往会说：“这样不对！”子女们当然也难以接受。所以常听到年轻孩子们的反应：“什么时代了！你还在讲你们那个时代的故事。”年轻人根本无法感受你以前的时代。其实，眼下我们都活在同一个时代，问题是他所获得的资讯，我们并不了解，那么由他的眼光来看我们，应该是我们叛逆才对。

可是今天评判子女的是父母，子女无权评判父母，所以才有所谓“叛逆”的问题。如果今天父母在判定子女言行时，也让子女们来判定其是否有问题，那么我想双方想法或许各占百分之五十，所以大概也无所谓叛逆的问题了。这当中，你也会发现，“沟通”相当

① 善知识：指正直而有德行，能教导正道之人，也作知识、善友、亲友、胜友、善亲友。反之，教导邪道之人，称为恶知识。

重要。可是许多人却认为子女们的年龄与成熟度不足。好了！各位想想，就生理年龄上来讲，他们是还没长大，然而就信息来源来说，他们所获得的却比父母所获得的丰富太多了。

父母亲所欲给予的是人生的历练、智慧与经验，孩子判断人事是非善恶的能力还不足，但他拥有很多资讯可以满足他目前空虚、幼稚的心灵。他借此得到满足，所以便会比较容易地被一些浮躁的社会风潮所诱导，对于人生风险、社会风暴，就缺乏承受力。而由于子女的言行与父母辈的传统有极大的不同，父母想要纠正，却老是用那副权威的口气与态度，子女当然难以接受了。这个“不能接受”，就被赋予一种定义，叫做“叛逆”，这对孩子们而言，其实非常不公平。

当然，两代间沟通不良，子女这一方往往也是反应过当。不过这个问题大概也同时反映了父母这一方的管教过度。所谓“过度”，意指在尚未充分、完全沟通之前，就先定罪，论断子女怎么不对、怎么错，这叫现代年轻人怎么接受呢？

我们的社会、政治都已经民主化了，个人有充分表达意见的自由，每个人都该尝试去接受不同的意见。各种不同的思想、言论普遍存在于我们的社会，它们相互包容、依存，可是在家里却未必如此。父母亲只准子女顺从，而不愿意倾耳聆听子女的心声，一旦双方意见相悖，就摆出权威，打起官架子来教训，你想想，子女怎会不叛逆呢？

那么，如果这个问题既已产生，我们又应该如何处置呢？

子女教养的问题似乎是现代父母普遍难为的头痛问题。我们发现，子女与父母亲处不来就借着离家、逃课去跟一帮好朋友们厮混。

现代社会复杂化，让他们多了迷恋网吧、嗑药等不良活动的机会。而做父母的怎么处理呢？面对这些严重后果，父母亲指责、数落，说这个不当、那个不对，甚至逼迫他认错……

我们在这里必须慎重地提醒父母们：这只是结果，造成此一结果的过程，才是问题的症结。到了这个节骨眼，子女即使认错了，那也是他出自于对自身遭遇的一种反省与忏悔①之心，然而是什么原因让他步入了歧途？以整个过程来看，他却是冤枉的。是谁逼他走上岔路的？这是身为长辈的我们必须去反省的地方。这种结果，很可能即是身为父母、师长的人教育不当所导致的。

假如我们对子女的教养并未负起真正的反省之责，没有检讨本身的教育过失，便直接轻率地把过失之责推给孩子，那绝对是不公平的。

孩子何辜啊？他是一张白纸，生来人间，怎会天生是个坏人呢？是我们教养的过程中，疏忽了，没有去了解孩子的内心世界。有的孩子怯弱、温顺，而父母亲却显得很强势，他的人格其实很容易受到扭曲，他的人性容易受到伤害。这时，我们若只是片面、单向地予以苛求，孩子难免会躲入象牙塔，自闭起来；除非这孩子够坚强、勇敢，提出反抗，然而你多半也是视其反抗为叛逆，然后一再打压，最后他怎能不走上邪途去呢？这时我们该怎么办呢？难道，你要等到时候再来怪他堕落吗？

我想，我们必须诚恳地面对这个问题。我们必须先自我肯定，

① 忏悔：在佛教中，谓悔谢罪过以请求谅解。忏，乃“忍”之意，即请求他人忍罪；悔，为追悔、悔过之意。

然后给孩子一个引导。引导之前，一定要先有很好的沟通与对话，这两点才是要领。那要怎样沟通呢？假如你只是单向要求他听话，这无济于事；应该站在平等的立场来互诉衷情，倾听他们的内心世界。

叛逆，其实是孩子难以回避的成长过程，是他追求自我肯定的历程。再仔细想想，孩子跟你意见冲突才叫叛逆吗？他在襁褓之中，他拒吃别人的母奶，奶粉换个牌子，他也不吃，为什么？这么幼小、才一两个月大的孩子而已，他就已经有所选择和判断了。他逐渐地长大了，到了某个阶段，他不再让你抱了。原本你买任何玩具他都玩，买衣买鞋给他，他都很高兴，可是到了某个年龄，他都不要了，他要自己挑选……这些过程，你为什么不说他叛逆呢？这是他肯定自我的一个过程啊！

要留意，是我们疏于照顾，是我们对孩子内心世界疏于认知。他小时候，你走到哪里，他就跟到哪里，而且一定要去牵你的手。等他大一点了，他不让你牵了，他要自己走。更大一点时，他连跟班都不当了，我们就会感慨："他有自己的同伴了，他要自己玩了。"是的，他长大了，我们会因此感到高兴，可是当他有独立的判断和意见时，为什么我们不会因此感到欣慰，却反而愤愤地指其为叛逆呢？

由此可见，这是父母亲本身的意见问题，而非孩子的问题。孩子自小就在追寻自我，肯定自己的存在。从一开始吃奶到现在，他一直在告诉我们："我，是存在的；我，是有意见的；我，可以自己独立做决定。"从呱呱坠地的那一刻开始，从襁褓中，他就一直这样表达，跟你忤逆、冲突，为何你都没注意？直到此刻，他行为不顺从、言语顶撞你，你才发现这个“忤逆”对你形成莫大的伤害，然后便强给他一个罪名——叛逆！为什么呢？

孩子已经成长到跟你一样高了，你若不与孩子同步成长的话，他的成熟与历练将会超越过你。假如你认为自己已经定形了，无法再有成长空间，那至少对孩子要尊重，不要横加质疑或干预，他的成长与成就也将会不可思议。否则，你现在认为他叛逆，等再过几年，恐怕就认为他在教训你了。

孩子的成长是一直持续的，它的存在就是这个样子，问题是，父母亲本身停滞了，既没有跟着成长，也没有看清事实。只是一相情愿，他会继续成长，你面对社会生活却停滞了，这时做父母的通常也缺少警觉性，只是用惯性，因此会对孩子打压。这是人性的一种脆弱空虚、无奈的表现，也是人性不能成长、停滞不前的根本原因。

在教育过程中，每个父母都期望子女能站在他们的肩膀上成长起来，因此望子成龙、望女成凤。可是实际的作为却往往背道而驰，把子女塑造成为自己的翻版。我们自己是龙是凤吗？还是一条毛毛虫？你既然希望他成龙成凤，就应该让他有绝对的发展空间才对，否则，他只能变成毛毛虫或小麻雀而已。你让他站在你的肩膀上起飞！那么，你具备了这个胸襟与条件了吗？为何父母亲会变成这个样子？这个问题，我们有机会再探讨。现在是要针对“叛逆”来省思。

其实，到了这个阶段，孩子并非叛逆，他只是成长的速度加快而已。他只是试图要将自己的内在世界表达出来，以便与你沟通罢了。这时，做父母的你，愿意暂时放下事业，拨出时间来跟他共处、一同成长吗？很遗憾，大家似乎都不是这样。因为事业是你既有的，而你对子女却完全没信心，如同你对自己没信心一样，因此你需要依赖事业彰显自己。我希望真正基于理性，抓到处理的重点，肯暂时先放下事业，缓一缓，先跟子女对话、谈心。

想想看，年轻时你为了爱人、情人，什么都可以放下，去陪所爱的人。但，你可曾用初恋般的热情去和你的子女谈心呢？做不到，却把终身的理想都寄托在他身上了，这不是很矛盾、很危险、又悲哀吗？这个问题在此也不详细探讨下去，回到叛逆的问题。其实，子女如果不叛逆，那才真的可怕。

孩子愈是在小时候叛逆，你会发现，任由其发展所付出的成本愈小。如果他不愿叛逆，而一直充分保存着生命能量，那份能量要怎么发泄出去呢？他一直压抑、压抑。三五岁该叛逆时，让它发泄出去，那时付出一点成本就可以了。等他十四五岁时来叛逆，所付出的成本更甚于四五岁之时。假如他到了二十四五岁才叛逆的话，我想，你大概会昏倒吧！如果到了三十四五岁再叛逆，事情就更可怕了，然而这个社会更不乏六七十岁才叛逆的案例。

有一位朋友到了三十五岁才叛逆，叛逆了三年，全家都受不了。有一天，他的另一半找到我，向我提起这个问题。

“你问问他父母亲，他是不是从小就很乖，从没让家人操心过。”我问。

“是啊！你怎么知道呢？”她说。

“告诉你，他现在才进入叛逆期。”我说。

“哪有人这样？不是十四五岁叛逆吗？”她感到很不解。

“你回去问问看，他十四五岁时根本没叛逆过，搞不好他还会指责叛逆的孩子怎么不当。”

她点头称是。而且她还说，自己的孩子每天晚上都等爸爸回来，把爸爸数落一顿，说他为什么交坏朋友。

想想，爸爸三十七八岁，孩子开始要学着懂事，但却已经学会数落爸爸了，这个成本有多大！不仅如此，四十岁左右的人应属社会中坚，正值人生巅峰期，如果是已经准备接管事业的第二代或第三代企业家，此时来个叛逆，对这企业、对这社会，是否很危险？

一个孩子若是都不表达自己的意见，生命能量没有适当发泄的出口，那是一件危险的事。所以一旦孩子勇于表达意见时，那我们就应该庆幸孩子长大了，他已经不必事事请教而能独立判断了，那我们不是大可放心了吗？

孩子能独立，小鸟翅膀硬了、能飞了，母鸟的责任不是已了？他好不容易能飞了，你却又把他绑回来，规定他按照你的方法生活。难道他不需要自己出去找虫吃吗？

我们完全弄错了。我们常因孩子的意见与我们相左，便对他失望让他堕落，这是相当不公平的事。再不然，就是把孩子视为忤逆，说他不听话、搞破坏，成天和坏蛋为伍……可是你不知道，这时我们正在挫伤孩子，正在浪费生命资源啊！

孩子到了所谓叛逆阶段，事实上表示他已长大、成熟，已经能够独立了。所以，我们应该珍惜这个成就，这个现象更是值得我们庆幸。

谈到这里，大家应该多少能够体会，生命[1]的活力有多么可贵。我们常常感受到现代人由于竞争和生活压力，已然丧失了生命感，缺少了生命力。我们对综合维他命的需求大增，但生命仍旧缺乏应有的光彩。为了生存，我们在这世间已经搞得焦头烂额了，然而孩子到了拥有自己主见的阶段，却是最富生命力的，我们何不在此时和他共享青春，分享他的活力，借由陪伴他而再年轻一次，和他一起长大，一起分享他的生命力，感受生命的可贵。我们何不借着孩子的成长，与他同步迈向另一个灿烂的新世界？我想，这是每一个人重新认识生命的一个契机。

孩子的生命存在，是天真的、是纯洁的。我们在社会上打滚，已经遭受很多污染，为了成功，忘记了生命存在的价值与意义。然而孩子的存在，所为何来？他无世间功名利禄与竞争角逐的熏染，唯有“单纯的生命存在”这个单纯的价值与意义。他需要有表达的出口，他有自己的经验，他渴望成长，这时如果加以抹杀，乃是相当不智之举。

反过来，我们要多看年轻人的光明面，而不要一直介意他的灰暗面。孩子们到了叛逆阶段，不见得个个都成为飙车族，人人都吸毒，变成堕落的一群。跟孩子共同成长吧！给他们一个健康的天地，你若一味地打压他，他的生命能量无处发泄，自然另寻途径而偏离正轨，他一定也把你蒙在鼓里，他的一切作为再也不摊在阳光下，他遁入

---

① 生命：指从生至死的持续阶段，而有体温（暖）与意识（识）者。在佛教中，称为寿命或命根。亦有将寿与命分别解说者。寿维持暖与识，暖与识亦维持住寿，二者之间有相互依存的关系。临终时，寿、暖、识便即脱离肉体。

了黑暗的角落，那就完了。

孩子在家里若无立足之地，没有荣耀，毫无光彩，正常的会转移到学校，找寻生存空间，探索生命能量发泄的途径。可是如果学校教育又扭曲了呢？对于这些好动、意见多的孩子们横加排斥，他还能有什么出路呢？有的孩子似乎一再地被边缘化、被扭曲、被抹杀，最后只好到街上厮混，这一来就危险了。只要一经勾引诱骗，就被污染而堕落了。尤其网络资讯良莠难分，年轻人更容易多方尝试，在这过程中，很可能误触地雷，吸毒，甚而加入犯罪组织……这种情形，该怎么办呢？责任属谁呢？

孩子不是天生就带来毒药的！他赤裸裸地降临，毫无是非毁誉，单纯至极。他只向我们昭示："我来了！我将在这世间过得幸福快乐。"可是有一些家庭、学校却把他扭曲得毫无立锥之地，逼到黑暗的角落去。想想看，孩子的出生对家庭而言，原本是多光彩的一件事，可是为何弄到这步田地呢？我们必须很慎重地反省所谓孩子叛逆的问题。

因此，当家里出现了叛逆的孩子，我们期望父母应首先自我检讨。我们当然不是指责父母都没尽到责任，而是提醒是否管教方式出了问题。最严重的，可能在于缺乏沟通，父母与孩子间也许根本从未有过敞开心扉、倾心聆听的时刻。

其实，每个家庭都应该有这么一段时光，每个星期最少有一次相聚的机会，不要有电话干扰、不要有工作从中作梗，只是喝杯下午茶、品味一杯咖啡，畅谈这一星期以来的生活际遇。爸爸、妈妈、子女，各有各的经验与看法。经此交会，身为父母的你，将会发现子女的成长绝对超乎你的想象与体会，你将因此清楚了解到孩子们的内心世界。假如一个礼拜没有、一个月没有、一年也没有，孩子内心的呐喊一再被忽略，期盼一再落空，哪一天他彻底死了心，放弃家庭往外出走时，你站在门口声嘶力竭地呼唤他回来，他却断然给你一个摇头的答案，这时你慌乱、你后悔莫及！然后呢，孩子被摒入了黑暗的角落，整个家庭也随之堕入了幽暗的深渊。

对于子女的问题，我们必须面对，不要只会怪罪于孩子，应该反省自己是否在奋斗、谋生的过程中，忽略了孩子的成长。

前面提过，婚前教育非常重要。你若未做好生养教育的准备，无法正视幼小生命的存在，最好不要生小孩。否则，一旦新生命降世，你会惊觉日子一天紧逼一天，孩子成长之快让你来不及反应。你在工作时，还可拟个时间表，然而孩子的成长何时会产生让你头痛，你无法预知，往往等你发现，已然措手不及。

孩子的降生，在家里所产生的作用相当的大。男性未结婚前唯我独尊，有了婚姻以后，即应以太太为核心。同样的，女子待字闺中是孤芳自赏的美丽姑娘，一旦嫁为人妇，便也应以先生为中心。不过等到孩子出生，两人的生活便都该以孩子为尊，不管再怎么忙，都应该把孩子摆在第一位才对。你不以孩子的存在为优先考虑，家庭便会埋下不安的地雷，误触而引爆只是迟早的问题而已。

我们若无充分的心理准备，孩子的到来只会为人生带来不安，但若有了健全的准备，孩子将是开启人生幸福的钥匙。在此祈祝天下所有家庭，都能生活在一个美丽、善良的世界里，拥有美丽的人生。

第五讲

婚前教育

青年男女以往是奉父母之命结婚，今天则流行奉自己之命结婚。小说、戏剧里描写包办婚姻的悲剧很多？如果婚姻不美满，你还有父母可以赖，但若奉自己之命结婚，你还能诬赖谁？这种结合是由你自己创造出来。我们发现，对于结婚这件事，实在应当慎重、慎思。

今天整个社会结构似乎都缺乏或忽略了一个环节——为何结婚？反正“男大当婚，女大当嫁”，结了就“昏”了！都没看清楚。我们需要婚前教育，但这个时代、这个社会缺少这一环，多半看顺眼就结了，然后才发现：“不对！不是这样”！

各位，结婚是一条路，但既非“当然”，也非“必须”之途。我们有没有另外一条路可以走，你可能从未思考过。当然，我没有暗示你要跟我一样——出家[①]。事实上，除了男婚女嫁外，应该还有一条不结婚却可以活得更好的路，但在此不论，因为你是决定结婚才来接受这婚前教育；受了婚前教育，就应该决定到底是否结婚。婚

① 出家：即离开家庭生活，专心修沙门之净行；同样也指出家修道者，与沙门、比丘同义。为“在家”之对称。出家乃远离世俗之尘，所以又称出尘。出家必须剃落须发，抛弃服饰，并穿着青黑色之衣，故出家又称落饰、剃发、落发染衣、剃发染衣、剃染、落染。出家自古即行于印度，早在吠陀时代即有舍世舍家以求解脱者。之后婆罗门教徒承其风尚，多入山林闲寂之处专心修道。佛教则以释尊之出家学道为其始。

嫁只是人生的选择之一而已，即使不选这条路，还有更宽广、更有意义的人生之路。

结婚成家后，我们所过的生活会跟以前大不相同。以往在家有父母庇荫，家里有如避风港，茶来伸手，饭来张口，早上起床，妈妈早已准备好饭菜，你棉被一踢，后头就有妈妈帮你收拾，遇到任何事都可以要赖、撒娇一下，反正有父母撑着。结婚以后便大不相同了，你除了必须独立外，还要懂得照顾别人。

先生照顾太太，太太也要照顾先生，这是平等的。结婚以后，可能轮到你需要帮另一半折棉被了。以前你嗑了瓜子、吃了玉米，东西一扔，什么都让妈妈收拾，现在不但得自己善后，连清洁工几点来都得算清楚。你结婚了，凡事不能抵赖，因为负有照顾一家的责任。那么，请问你在父母那边学到照顾家庭的能力没？假如没有，怎么成家呢？

家，不光只是一栋房子。一个家庭应该具备哪些因素呢？不是夫妻两人住进去以后就算数了。一个家庭必须拥有共识，必须懂得互相照顾，还有一份责任。什么责任呢？成家后假如要生孩子，对于生养教育等问题有没有相当的认识。孩子生命的存在我们必须负起责任，不是生了以后送到幼儿园，然后有事找老师算账。不是这样！

有了孩子以后，必须开始留意，孩子大概在什么阶段必须接受什么教育或训练。如今婴儿教育书籍很多，很多人也都买回去阅读，这表示子女教育已得到某种程度的重视，但还有更重要的。你大概得有个计划，孩子一岁时必须注意什么，两岁或三岁时又要注意什么？他如何逐渐独立起来。在他独立的过程中，你必须留意什么、提供给他什么？

有个孩子发烧得很厉害，已经两三天了，父母亲一直觉得奇怪，怎么烧都不退。我问他们有没有抱去看医生。当父亲的说，医生交代吃这个药就好。我提醒他高烧不退，最好再到大医院详细检查。结果一送大医院才发现孩子的脑神经已经受伤了。这一疏忽，成了终身遗憾。孩子不懂事、不会表达意见时，做父母的若没警觉性、没有能力照顾，怎么有资格生养小孩呢？这一点比你看很多婴儿书来得重要。

他一二岁时该注意什么？到了三四岁，应该让他单独一个房间睡觉，六七岁时，他得准备上学了，然后他开始交朋友了……这些过程，你怎么留意、怎么引导、怎么和他互动。孩子吵着要摩托车，你不给，但他硬是要，怎么办？其实，孩子到了十岁左右，你就应该告诉他骑车要注意什么，有何危险，不是等他吵着买时，你才来担心。你不买给他，他到外面一样找车骑，那更麻烦了，等发生了事故，你痛心训斥有用吗？孩子再大一点，交了异性朋友，你一样紧张万分，为什么？你就是不懂得事前教育。结婚亦然，需要婚前教育，不然婚后手忙脚乱、措手不及。

“结婚”很简单，但“成家”才是一项大工程，不容易啊！这当中应该具备一个要件，那就是“成家的共识”。准备结婚的两人来自不同的世界，各有各的生活背景，因为某种因缘而相会。一开始相处，我想都不成问题，因为相处时间短暂，彼此大概都只见优点，不见缺点，但婚后长年累月在一起，那个缺点你无法视而不见，但你能接纳吗？你第一次可能感到惊讶，第二次也许便暴跳如雷了。

有个小姐抱怨先生上完厕所后马桶盖都不放下来，先生则不理解她，上完厕所老是不把马桶盖掀起来。这不是很小的一件事吗？可是两人却为此闹到要离婚。想想看，难道两人是为了马桶盖而结婚的？为何这么一件小事，就闹得如此不可开交？

另一件个案更有趣。女生出身于中规中矩的家庭，先生则成长于一个很随意的家庭，结果也是在浴室吵起来。吵什么呢？原来为了铝管牙膏，女方习惯折得很齐整，务必把牙膏挤得一滴不剩，因为她出身典型的节俭家庭。潇洒的先生却拿起牙膏就挤，他用掉一条牙膏的时间不到太太的三分之一，然后随手丢弃。太太实在看不过去，捡回来用筷子弄平继续再用，她说要节省资源，不该浪费；先生则说东西便宜，何必再捡回来，多么不卫生！两人也是因此闹到要离婚。

来自不同世界的两人要融合在一起，本身会迸出大量火花，原本就容易有不太能沟通或交融的情况，如果决定要结合，请问需不需要有共同的标准？此即我们所强调的“成家共识”。当然，这不太可能在婚前一条一条列清楚，但有个很重要的要领，那就是怎么沟通。

当两人沟通不良时，是否该通过兄弟姊妹一起来沟通？或者找双亲来仲裁？彼此有无接纳和包容的雅量？假如不行，请问当初为何要结婚？两人在一起不等于世界大战吗？按旧社会的标准不能离婚，那按新时代的标准，不合则分嘛！这样结婚算什么，灾难还是儿戏？

所谓婚前教育，不是假设两人要结婚了，所以才注意什么……不是，婚前教育的用意是让彼此省思到底适不适合结婚？如果不合适，通过教育，可以尽早分开，如此岂不化解了一场大战，也可说是让世间一对不幸的怨偶提前消弭矛盾于无形。遗憾的是，大多数人缺少这种教育，大家瞎摸试碰，弄错了再说。但真正弄错了，灾难也已铸成，然后离婚收场，这都是不负责任的做法。

我们在婚前必须先有个认识：我应该结婚吗？如果有对象，彼此适合吗？如果还没有对象，那自己真的适合结婚吗？这些都应事先认真考虑。因此，婚前教育可说是一种成人教育，借以认识自己或彼此的世界，为未来做一番新界定。

选择结婚，必须全方位考虑。你得留意怎么跟对方相处、沟通和融合。怎么包容、欣赏和赞叹对方？婚后不生孩子当然不失为一途，但若有了孩子怎么教养？总不能一成不变地把世间标准硬塞给对方。所以这需要完整的规划，这个规划不是逃避，也不是拒绝对方的理由，而是负起应负的责任。男方女方都一样，如果缺乏这种认知，都不是成熟的人。

你身材魁梧，年纪也已二三十，已达适婚年龄了，这没错，但心智年龄其实还很幼稚，问你为何结婚？你支支吾吾说不出个所以然，反正该结就结。如此，你将面对不可预测的问题，究竟是风险大还是利多，无从逆料，你的人生就等着交给命运去摆布。这样的人多可怜！眼看下半辈子就要活在痛苦的深渊里。虽然婚前教育、婚前的人生规划也不能提供百分百的幸福保证，但至少可以把可能的风险降至最低，避免无谓的不幸。

决定结婚，就必须找到合适的对象。如果已有对象，通过婚前教育可以重新筛选、过滤、定位，对现有的选择有更清晰的认知。想想看，终身大事，若是对他或她不够了解，只凭一相情愿或一时冲动，岂不是很危险？你说先结，反正不合则分嘛！那分了以后问题更多，法律、财产、子女养育的责任与良知问题……这绝非一句“不合则分”即可作罢。合则结婚，不合则离，但你们现在合吗？你从未认真面对、思考，所以根本懵懵懂懂，往后所要承担的风险就太大了。

确定了结婚的对象以后，还要进一步考虑结婚的意义，考虑彼此该建立什么共识。比如，你是到处奔波的人，你的对象却希望另一半能够很安定地生活，这样两人怎么结合？婚前交往只是偶尔相聚，婚后却须长年累月成天相处，种种问题便会浮上台面，这是第一。

第二，意见不同时应该如何协调、沟通、融合？如何欣赏对方、接纳对方的意见？这是交往之际就得有的认识。而彼此间是否有包容的想法？尤其现代人意见多，主张言论、思想自由，崇尚个人主义，那么当很多观念、看法起冲突时，怎么办？

成家以后，事业怎么发展？子女怎么教养？对于家庭没有认识，你不知事业为何物。由于学校教育都是教授专业技能，一般人适应社会生存，争事业成就，这大概都没问题，可是家庭怎么办？何时才叫成功，赚一千万还是赚一亿呢？何时才能放慢事业的脚步，留意子女的教养？子女该怎么教养？训练他成为企业家、学者或只是一个平凡而幸福的人？

家庭教育中也常有人认为孩子被教成了先生或太太那边的人，子女怎么会这样被分别呢？可见这种家庭教育是失败的。夫妻若无这层共识，两人便会经常为子女的教育问题而吵架。

结婚以后是新人生的开始，婚前教育的重点在于如何慎重抉择过婚后新的生活。当你思考这个问题时，表示你已经长大了，具备了独立的思考与行动的能力。所谓“独立”，意思是不再依赖父母过活，这时你该怎么独立，这是第一个前提。假如婚后仍在父母身边，过着以前依赖的日子，那你的新人生根本未展开。

我们必须要有这种认知：结婚不仅是个过程，还是人生一个新的、大的里程碑，其意义与价值就是本身独立、负起某些责任，不但照顾好自己，更要照顾别人。

从父母身边独立出来，事实上就跟小孩子、青少年的叛逆一样，是成长的过程。现在你已经成人了，有足够的判断力断定自己是否需要另一半。这是第二个要考虑的问题。需要另一半的生活，考虑层面比较广，假如不需要，问题就简单多了，只不过是自己想过什么样的人生而已。

社会给我们“男大当婚，女大当嫁”的伦理制约，古亦有明训：“不孝有三，无后为大。”于是结婚乃成普遍的社会现象，但，这个观念对吗？一个喜欢云游四海的人，太太能否跟他到处奔波？如果不行，是否过单身生活来得比较自在、幸福、快乐？如果你非得需要有个人在身边不可，当然结婚比较好。可是你需要的若是依赖，那表示你尚未成熟，而一个成熟独立的人可以和别人过得很好。

我们怎样看出对方是个成熟的人呢？关键在于沟通。两人沟通是否良好？对于彼此的缺点，是不是看得清楚，但又能包容？如果你说他都没有缺点，那是骗人的，但对于他缺点的存在，你能包容，也愿意包容，那就对了。否则，等哪天看清他的缺点以后，你怎么办？你的新人生是否就此布满荆棘，充满痛苦呢？

总之，婚前教育就是让我们预先认识自己是否从旧家庭走出来，过独立、崭新的人生，此其一也。第二，我的新人生是要单独一人或与他人共组家庭？选择单身，人生简单多了，它将充满兴奋的色彩，但这必须由自己去体验。而选择结婚，则必须全方位进行考虑。

谈到新的人生，我们可以选择成家或不成家。但最重要的，仍是独立、承担、负责，尤其对社会、家庭，绝对要有一份使命感。若选择结婚一途，相信事前的深思熟虑一定能让你找到一个彼此间能沟通、协调、包容、欣赏与接纳的好对象。

真正的问题是，如果你的事业发展不稳定，你们要如何面对？这需要不停地协调与沟通，你们的人生甚至会因此有大转变。第二个问题在于对子女的教育能否认同。两个不同背景的人结合，交集点就是家庭，而家里真正的主人并不是夫妻而已，子女成人独立前，都是家庭的重心。这时，如果在子女教育上产生歧见，常会引发两个世界的战争，尤其如果有家族事业，问题更大。

假如这个新家庭的某一方，家族事业相当的庞大，甚至有一方身为长子或长女，那么这一方对于子女的监督可能会有很大的掌控程度,这个家庭就可能在子女教育上面临很多挫折。其实我们会发现，这类型的男女双方，可能早在结婚前对事业和人生观的选择，就已经有很大的歧异了。如果婚前没有妥善的教育与规划，婚后便会冲突不断。

很多知名人士的家庭生活陷入困境，问题就在于欠缺婚前教育。事实上，对于事业有成者而言，婚前教育对他的第二代更是重要。男女双方彼此缺乏认识，等到矛盾发生，又都不敢开口请教人家，只在自己有限的感觉上挣扎，忍受那种惶恐不安，这种家庭必然会产生问题。

如果是一般社会新鲜人，他刚从大学毕业，出身一般家庭，他面对社会，然后想要成家，问题一样，对于事业、发展及可能的变化，另一半愿不愿意和他共同面对？再来，对子女教育有共识吗？想想看，如果这一代是白手起家奋斗有成，那么下一代也要白手起家吗？我们结婚了，能给子女什么？是否期望子女能在我们的肩膀上站起来，以便高人一等？也让孩子和我们一样，读书时一边打工，成年后找个对象结婚就算了，而他们的下一代也重复着这样的命运，对人生依旧茫然？难道十代以后都还如此拼命赚钱、结婚生子、拼命赚钱、结婚生子……代代依循下去？我想，不是这样吧！

家庭的两个支柱，一个是事业的发展，一个是对子女教育的共识。刚才提过，婚前基本教育中，彼此应该如何相互包容、沟通，如何检讨、改进，这都属生活的小细节，而现在谈的重点是事业。事业不一定天天如日中天，它变化无常，随时受不景气伤害，也可能因一时的不慎而挫败，面临这种转变要怎么办？假如事业有成，所得日增，居家环境和生活状况也得以跟着改变，那相应的要怎么进行改变？这都需要彼此的共识。其次便是子女的问题了。子女要如何教育？我们既已衣食无缺，难道还让下一代为追求衣食而整日打拼吗？

我想，生命有很多理想可以兑现。把多余的能量从生存转到生活、由生活转为创作，然后成为专家、艺术家，或者至少成为人生的享受家。人来到世间，该享受的就应该好好享受。我指的不是声光色影等的享受，小桥流水、蜜蜂蝴蝶、野外小花、蓝天白云……种种美景良辰，你为何不去享受呢？这样的人生多美啊！

我们在城里打拼，是否终有那么一天告老回乡？这要如何规划？如果没有这层认识，到时难道自己老了就回去，子女任由他去，是这样吗？我想应该不是。如果可能，在未退休之前，就可以让子女先回老家、乡下、山上，让年轻人去体验，我们再回去，这样不是很幸福美好吗？对于这种子女教育问题，夫妻双方认同吗？我只是随意举例，也许你有更好的想法。你曾经想要留学牛津、剑桥或哈佛，但理想不能兑现，那是不是应该叫子女帮你兑现呢？不管这种想法对不对，至少夫妻俩要有共识。

如何教他、养他，期望他成为什么，那是你的部分，另外则属子女本身的问题，他有他的想法和期待，假如你没处置好，就会变成头痛的问题。婚前教育不足，孩子的降临无异于一颗不定时的炸弹，多一个孩子仿佛多了一颗地雷。你毫无充分准备，子女的降临会让你觉得为人父母太仓促，对其存在也变得一无所知。他为什么这样？为什么那样？

他的时代与我们成长的背景已大不相同。我们经历过农业时代、工业时代，我们曾经历过悠游自在的世纪，而今进入资讯时代，子女与我们的观念恐怕更是大相径庭。所以我诚恳地在此呼吁，婚前教育的同时，更应对子女的教育有根本的了解。

祝福各位有情人皆成眷属。

第六讲

夫妇之道

夫妻间经常发生的问题，多半是两性间的矛盾。两性之间如何取得平衡点，关键应在于“包容”。但要做到包容并不那么简单，因为事件发生之时，多半处在情绪紧绷的情况下，这时哪有包容的余地。谈包容，必须在情绪舒缓的情况下才有可能。如今是个竞争激烈、紧张异常的时代，情绪绷得很紧，包容谈何容易。

夫妻间的关系，其实所能论及的范围相当广，我们不易穷尽，只能从几个比较简单的地方，先为各位作一个大角度的分析。

首先谈的是夫妇的定位问题。夫妻间要如何定位原属两人之间的角色，可是社会又有个传统观念，即男主外女主内，如今又演变为夫妻分工，这一来，又要男女平等，又要男主外女主内，角色与能力根本就背道而驰。

我们不是否认女人的地位与能力，可是社会上其实存在着一种现象，即先生在外工作有个“责任”的问题。他在职场上开疆辟土，完成既定的企划目标，做出亮眼的业绩，这使得先生们（也就是男人们）的理性快速成长，而相对地，他们的感性生命便停滞了。

先生们在事业上打拼，开拓新市场，开发新通路，面对公司内外种种竞争。尤其资讯发达以后，业务更须全方位开展，新的竞争商品如雨后春笋般不停地冒出来，面对市场的威胁和挑战，先生们焦头烂额，情绪紧绷。许多人不能准时下班。

当先生们精疲力竭地回家后，太太虽然也是职业妇女，但逼迫感似乎没有先生来得大。一般职业妇女的工作通常属于比较例行性或惯性的工作，下班后或许还能精力充沛、活蹦乱跳。可是先生下班往往就一坐下去便瘫在那儿了。这时，两种人的感受与生活迥然不同，假如样样都讲求男女平等的话，那就真的很难平等了。

当然，有些先生会有社会灌输给他的沙文主义观念，那是不当的，应该改进。然而事实上，有些好好先生确实非常尽力，他即使疲累到家，仍是自己做饭、自己换洗衣物等，他样样打理得很好，令人惊叹！可是呢，他疲倦之极，一顿晚餐也搞到八九点才吃，吃完后喘个气看个报纸，很累了，难免冷落了太太，对家务事、对子女教育也不免疏于关注。这些琐碎之事在婚前也很难预料，一旦问题发生，经年累月下来，夫妻关系便开始发生变化。

夫妇之间的定位一定要留意。如果先生的工作属于绞尽脑汁型的，当他疲倦而回，太太应站在什么样的角度给予支持；同样的，太太从事的工作万一和先生一样，那么两人回家都已绷得很紧，岂不是像两颗炸弹放在一起？这时，我建议家庭生活需要有些改变，比如有一方辞掉工作，甚至男主内女主外亦无不可，像英国前首相撒切尔夫人的家庭一样，他们也很幸福啊！

我们应该有这样的胸襟，先生不妨回到厨房来。能回厨房的人是幸福的，在外绞尽脑汁与人拼斗竞争，其实非常辛劳痛苦，然而只要双方都能圆满分内的事，彼此协调得很好，也就无需理会社会的成见和闲言闲语。先生主内、操持家务也很不错啊，为何非得是太太的任务不可？

社会标准固然是重要的参考值，但并非绝对值。夫妻如何定位而不被社会标准所左右、规范，端看其生活环境、个人能力、兴趣、嗜好及职务上所碰到的因缘，应该这样调整就这样调整，那是家庭生活的特色，没必要跟别人下注解说明。能过着幸福美满的家庭生活才是重点。所以夫妻定位如何圆满，就夫妇间的关系而言，这才是首要考虑的。

我们提过，凡是在工作上忙碌竞争的人，理性会率先成长，感性则相对退化，然而一旦生活趋于稳定，感性便会成长，生活也会跟着产生大变化。这种变化不是指外在的环境，而是内在生命结构产生质变。感性之芽萌发之后，生活品位与认知便也卓然不同，这时必须有一种互动式的调整。可是我们往往在调整的过程中产生误会，这要怎么办才好呢？

良好的交互式调整，其实是一种全方位共识的重建。原来彼此间已有某种共识，现在开始有了新的变化。但是要留意，这变化从何时开始，没有人知道，连主角本身也不自知。当有任何一方发现此种状况时，也就是一般所谓家庭危机，家庭问题产生之时。到底是谁发生了问题？不知道。在此提供一个建议：多和对方沟通！当你发觉对方有问题时，就多参与到他的活动中去了解他；他若想逃避，不让你参与，这本身需要再教育，所以别急，先沟通，先包容。

其实，人的理性成长对抗感性成长，是一种叛逆。一般人在面对社会的激烈竞争时，理性生命持续成长到某种稳定程度后便停滞了，生活趋向安定，感性的生命便蠢蠢欲动。这感性的生命一旦成长起来，会对原先的理性生命产生叛逆。当一个人的生命内涵正默默地产生质变而不自知，硬是以理性来克制其感性生命，这本身是很残忍的。

其实我们应该庆幸，因为感性方面的成长，使整体生命结构更健全。然而，他也可能处置不当，所以另一半必须更积极去参与、了解与沟通。对于他的行为、生活方式与观念的改变，不要抱着不屑的态度。

这个问题应该回归家庭，让双方都能共同成长。通过这个过程，夫妻双方一起调整角色和认知。这时，大家都面对一个新境界，一个新生命的开始。你甚至应该感到庆幸，因为你继而有机会得以重生。再生之后，感性生命的成长使你通过另外一个形式展现较高水平的生命品质。这是万物化生之际即存在的——死亡①不可免！但生命存在的本身，它会无限成长，会达到十全十美、止于至善②。

理性生命与感性生命成长和调整之际，是人生过程中非常可爱的生命体验。然而夫妻俩若是认识不足，家庭危机便产生了。为了消弭此种危机，双方应有包容、理解的共识。融入彼此的生活，了

① 死亡：即生命断绝之意。在佛教中，指人丧失寿、暖、识三者，而身体开始变坏之相；然在医学上则指呼吸、心跳、循环，乃至脑细胞完全停止作用之时。

② 止于至善：相当于佛法术语“阿耨多罗三藐三菩提”的境界。略称阿耨三菩提、阿耨菩提，意译无上正等正觉、无上正等觉、无上正真道、无上正遍知。“阿耨多罗”意译为“无上”，“三藐三菩提”意译为“正遍知”，乃佛陀所觉悟之智慧，含有平等、圆满之意。以其所悟之道为至高，故称无上；以其道周遍而无所不包，故称正遍知。大乘菩萨行之全部内容，即在成就此种觉悟。菩萨发阿耨多罗三藐三菩提心，则译为“无上正真道意”。

解对方的嗜好及其他种种转变，并以宽容①的态度来面对。不要指责！因为这是对方的一种成长，对我们来说何尝不是。但有人认为维持稳定是幸福的，任何变化都属风暴，于是对于伴随成长而来的任何改变便加以漠视、排斥或拒绝，这都非常不当。

期望大家正视这些问题，否则等到中老年以后才发生这种家庭不幸，会非常遗憾。这个遗憾往往影响到其他家庭成员。夫妇间需要包容与理解，千万记得，参与！参与对方的生活！你也许觉得他原先在家里怎样又怎样……不！他其实有很多嗜好，原本他非常理性、理直气壮的，但他开始有了微妙的变化，有时好像还出现很幼稚的行为，这时别怀疑他，因为他感性的生命在成长，而这绝对是美好的，重点在于如何协助他。

感性成长之初就如小孩子一般，面对这世界感到陌生，虽然他看起来是人人，但感性生命既幼稚又脆弱，需要包容与提携，这时最重要的就是与他同参与！在参与过程中，你们彼此会产生共识、会相互讨论，你会慢慢明白他的成长与变化，发现他其实正变得青春、年轻，生命又一次灿烂起来。

家庭生活中，只有夫妻之间才能探索到这种秘密与喜悦。如果你视其为反常，那便是不幸的开始。好好一盆生命之花正要重新绽放，却当成问题，这其实没有必要。

我们应该洞悉生命成长的真实意义与生命存在的真正价值！

① 宽容：容许不同意见、信仰发表自由，且在对待上并无标准差别，称为宽容。以宗教而言，即承认其他信仰之存在；以伦理而言，即认识人类之不完美性、弱小性，而不加以苛求，并以同情心包容之。

人的生活历程中，经常可见此起彼伏的成长状态，却很少为一般人所明白，大家都被一些成规所制约，认为应该走在相同的轨道上。生命不是这样啊！生命如花园里的花朵般，这里凋零，那里绽放，此起彼落，争奇斗妍，所以活泼美丽。如果所有生命都一致的话，我们如何欣赏大自然的美丽呢？生命都是独特的、灿烂的、独立的，只是绽放的早晚有别。

大家应该共同努力，让家庭更幸福美好，而且更具生命力，这才是夫妻共组家庭的重任所在。如果没有这层认识，只是一味地认为结婚后大家都走同一轨道，那社会早就变成印刷厂的版画了，每个家庭都出自同一个印模。人生如此变化万千，但为何也是如此变动不安呢？那是因为我们无法掌握生命成长的实质，把美好的境界都给破坏了。所以，我们这样祈福：祈求所有家庭，夫妻双方都能有共同的愿景，尊重彼此生命存在的价值与生命成长的意义。

感性生命的成长对于理性所造成的冲击，其实是生命中非常美的一段。子女们的理性生命成长起来冲击感性生命，你称之为叛逆。大人们到达生活稳定的阶段，有所谓“七年之痒”，这是成人感性生命的成长冲击了理性生命，也是一种叛逆。这和子女们的叛逆大同小异，同样极具生命的冲击与张力，但却为许多人所不容，被压抑，好比即将盛开的花朵被摧折了。我们也提过，婚前教育就是要让我们认识这些。然而生命叛逆的来临，往往无法预期，生命成长虽有轨迹可循，却无固定的时间表，所以它何时会发生，通过何种形态展现，没有人知道。唯有在发生之际，靠彼此共同来领略生命成长的痛楚、分享生命成长的喜悦，才是重要的事。而这也只能留待每个家庭、每对夫妻自己去享受。我们只能善尽提醒之责。

接下来要谈夫妻间所面临的问题，除了个人的自我冲突外，子女教育也经常令夫妻争吵。子女本身是家庭的主人，父母只是受信托，身负好好教养之责，但我们没有这种认识，多半把子女当成私有财产或实现自我理想的一个延伸对象。

有些人不会读书，于是发誓将来生个好儿子，替他读书扬眉吐气，于是他的孩子就遭殃了。他成为父母理想的兑现者，倘若没能力实现，怎么办？有一个妈妈带着孩子来问："师父！我儿子不会读书，有什么办法改变他，他才会读书？"我问这妈妈从事什么工作，她说是老师。呵！"你当老师？那你教的学生难道个个都第一名？"她说当然不是。"既然这样，为何还非得要自己的儿子考第一名呢？"她无言以对。我问她以前读书成绩很好吗？她说不好。自己都读不好了，怎么还要求孩子一定要读好？她说，大家都这样期望嘛！

父母们总希望儿女个个是天鹅，这其实是镜花水月，因为人的成长基础平等，硬把自己达不到的期望转嫁到儿女身上，硬是把他们拖回你三四十年前的旧时代去，让他无法活在眼前，那是不负责任，甚至具有伤害性的。

到底要把子女教导成什么样的人？首先，夫妻双方必须有共识，务必尊重、珍视子女的认识，莫以己意强迫孩子。父母对子女的教育认知都已产生偏差，你如何期望他将来出类拔萃？

我们应该期望子女健康、幸福，甘于做个平凡、宁静而自在的人，而不是面目狰狞的独裁者。事业再大的人，若生命毫无质感，也是枉然。

事实上，现代父母所能提供给儿女的知识很有限，孩子从各种资讯渠道获得的比我们多，做父母的反而要靠子女充实新知。即便如此，身为父母也应有共识，当子女传递知识给我们时，就必须勇于接受，并借此和子女建立良好的沟通渠道。而我们可以给予子女什么呢？人生经验！对于事物、人际的判断，这是做父母的一种财富，而子女如何接受父母的经验，这是他们的智慧，当然这也需要我们引导——智慧就在这个过程中闪光。

以上所说的，其实在谈婚前教育时，都已经略谈过了。家是一切一切的基础，是人生价值的基础，既然这样，那对子女的教育就不得不详加琢磨。要了解，孩子长大，将来成为什么样的人，跟我们现在所赋予他的人生价值观有很大的关系。今天的小孩从社会、从网络上所吸收到的信息相当繁复，但很难落实为人生的愿景。他的人生价值观不是从朋友那边培养来的，必须从家庭中培养起，那么，为人父母者该怎么给予肯定呢？

他在外的交友状况，你如何了解，这相当重要。经由父母的确认，孩子的人生愿景的幼苗才得以成长、茁壮。否则，他与朋友间的来往到底对不对，他自己无法判断，唯有经父母的肯定，才能落实。父母亲为他分析哪里不对，他才能明白自己所做的决定有何缺失。

人生愿景怎么培养？唯有通过家庭生活。孩子所做的决定，人际往来间的判断，你必须有所了解、有所肯定。身为父母的你，具备这些条件了吗？家是一切基础，你在外功成名就，不就是要能在家里享受？你的一切奋斗、权力、名望、财富，不就是要奉献给家庭吗？这家若无子女，你怎么奉献？家庭责任是什么？就是让它能温馨满怀，充满生命的朝气、充满蓬勃的生命力，这就是家庭的责任。

我们从小一路求学用功，读完大学后拼事业，在这过程中，理性持续增长，感性生活暂时受到压抑。而一旦事业稳定，感性生命便开始重新萌芽，此际，两者比重开始翻转、起了变化。由于成长乃是从幼稚迈向成熟，因此不免产生许多怪异现象，引发另一半的怀疑，这时应该通过智慧来解决，否则造成的伤害往往累及整个家庭。

我们的社会喜欢用单纯化的方式处置夫妻之间的问题，但这可能忽略了事情的重心，亦即生命成长的那份灿烂的生命力，或者生命存在的价值。忽略了这个，而纯以常理苛责，那就好比无故伤害小孩子一样。小孩子的叛逆其实是生命成长的本来样子，这时候的他最具生命感和生命力，不管其决定是对是错，这是他人生价值观的启蒙阶段，应该予以肯定。

同样的，你的另一半感性生命成长起来，这时，你能否发现其生命力之美，欣赏其成长的灿烂？各位必须能参与、包容、提携，这是非常幸福的。

生命成长，乃是伟大的！生命愿景能够兑现，是可爱的！我们面对的情境是美丽的，所拥有的种种，当我们与对方而重新领悟生命时，即会感到无限喜悦；我们的参与是对方成长的动力，而对方得以成长，即是我们本身的荣耀。

能认识生命存在的这份价值、感受其过程的喜悦，你会发现家庭生活其实非常美好。否则，你只会觉得夫妻相处是苦难的，八成上辈子欠他，不然怎会这样。你看，一个原本应该是快乐如天堂的家庭生活，却被错误认知搞成黑暗的洞窟，那不是糟蹋了人生、糟蹋了既有的那份殊胜[1]财富？

夫妻建立了家庭，就要寻找快乐的光明面，这不假外求啊！从你现有的地方，有个明确的认知即可。家庭真的是一切一切的基础，小心呵护它！我们可以拥有非常幸福美满的家，这绝对可以做得到！

① 殊胜：事之超绝而稀有者，称为殊胜。

第七讲

沟通——鼓励与鞭策

沟通其实是鼓励与鞭策，目的不在降服、打倒对方，或羞辱对手，也不在于自己承认错误，表明自己的什么立场，Yes or No 等，都不是。沟通的真正目的在于了解彼此间的内心世界。

为了适应环境，我们常常为了了解外在的状况，以便做决定，因而隐瞒内心真正的意图，这时，由于彼此间都在互相猜测，人脸上戴了好几层面具，所以很容易造成误会。

沟通，就是要把面具拿掉，把彼此间的内心世界坦然公布出来。不必去试探、隐藏自己以取悦对方，导致本身很多不满。这样沟通，人生就错了。不管在家、在学校或在职场上，我们都应该坦然表达内心世界，清楚地让对方知道我们的情况，同时也彻底了解对方的想法，这样才有办法建立共识。

今天很多人隐瞒自己，父子夫妻间都无法坦诚以对，结果整个世界都跟着扑朔迷离了。一个小孩子如果从小就这样成长的话，其人格怎会健康呢？

沟通的情况和技巧很多样，但我们必须先了解其目的何在。比如刚当上父母亲的年轻人，该怎么和子女沟通？小孩才出生而已，无法要求他表达内心世界，你很难了解他。以前的人把小孩子揽在胸前或背在身后，这其实是非常良好的沟通。你背着他，他心脏的跳动会与你的协调一致；你从正面抱着他，你的心跳他感受得到，那种互动与沟通极尽完美。现代人已经很少这样了，于是内心深处的互动也渐行渐远，非得通过语言表达才能沟通。

沟通有很多种目的。如刚才所举抱小孩子的例子，拥抱和背负是很好的沟通方式。小孩在一到两岁间尤其需要人家紧紧抱着，感受到一种被拥抱的压迫与紧实感，其实这是彼此间最深沉的爱的交流。我们可能都不了解小孩子要的是什么，所以当他逐渐长大、日渐理性化之后，他听得懂你的话，所以你开始通过语言要求他服从你想要的种种目的，这时唯有命令而无沟通。命令一再地下达，孩子内心的感性生命便逐渐被抹杀，只剩下理性的生命。

一个适应性佳的孩子，他可能很快地培养起理性，以适应外在世界的需要，然而这时他内心的感性花朵却也逐步枯萎，心湖逐渐干涸了，丧失了生命力！我们从哪里看啊？大概他一开始上学读书，便发生这种现象，因为他必须被赶着早起上学。现在情况应该比较缓和了。但若时光倒退个二十年，那时候的孩子清晨六七点就得赶到学校，被家人叫醒的时候，正是被窝里最温暖的时刻，寒流来时尤其如此，却硬生生地被叫起来了。大家可能都没有注意到，日复一日、起床的无奈，已经让我们的内心失落了某样东西。你不知道失落了什么，日复一日，长久以来这个欲望无法满足，却变成了一个无底坑。请问用什么方法才能够弥补这一项缺憾，填满这个沟壑？

其实不只年轻人，现在几乎所有人都有这种欲求不满的状况，尤其事业愈顺利就愈明显。如果种种外在条件都不顺，欲望也无法获得满足时，那更会引发无穷无尽的痛苦。这又该怎么化解呢？在我们的生命之流里，蹒跚学步之际，就已经把那最重要的、温暖内心的感性世界给抹除了。大家为了竞争，把自己最丰富的感性世界给铲除了，因此往后不管如何弥补都徒劳无功，冲突因而难免。

我们诚心呼吁，子女出生后，我们便应注意到这一点。现在西方世界流行把小孩子装在篮子里提着，那完了！这和你用篮子提着宠物何异？这其实是野蛮的行为，孩子感受不到拥抱的温暖与交流，以后沟通问题会愈来愈大、愈来愈恐怖。你能抱着孩子，让彼此内心交流，将来他长大，跟你沟通才会有默契和共识。

现在的父母与子女间，何以缺少那份温情与关爱呢？想想看，孩子需要这种冷漠吗？我们不知道。年轻的父母，会以为把孩子当宠物一样提着比较文明，比较符合潮流、流行。这其实是一种残忍的野蛮行为，可是我们不自知，因为它有很好的文明设计，有非常巧妙的生产技术，但它对人性的扭曲却无人预见。

我们每个人几乎天天都活在沟通的环境里，职场、工商界，乃至所有社会活动，几乎无一不免；推销与被推销者在沟通，两边都意在打垮对方，一个要说服对方购买，另一边则是拒绝被说服消费，这种沟通俨然是一场不动枪炮的无形战争。

真正的沟通不是这样。沟通的真正目标是了解彼此内心的世界，而不在于降服对方，换句话说，沟通其实是一种互动、一种关怀。当然，像刚才所举之例，人与人之间在内心里既已存在那么大的一个鸿沟，那么不管在心灵，在人性，面对如此破碎的情况，如果意欲挽救，唯有通过禅修才有可能。

真正的禅修是一个严格的生命改造工程。我们无法要求每个人都来进行这种训练，因为这种训练是不沟通的，它和我们这里所说的“沟通”迥然有异。

回过头来说，我们这里既然是谈沟通，那么技巧就很重要了。也就是说，你在了解对方之际，必须理解对方、了解对方，否则你无法体会对方的意愿。如果彼此皆以自身立场去猜测对方的意图，那种沟通都仅限于礼貌上的说辞而已。沟通者必须互相参与、融入，才能够进入彼此的世界而进一步取得共识，理清复杂的问题。

在这个过程中，最忌讳的是用先前的成见来假设对方意愿。你带着成见，沟通便无法进行。要了解，成见是自己的，对方并不一定如此，所以在尝试理清情况时，必须先放下成见。于是沟通便有个基本前提，我们称之为“欣赏”。你能欣赏对方，才可能对他的意见加以接纳。假如你意识到与对方有严重的冲突，他带着强烈的成见，甚至敌意；对方筑起了高墙，此路不通而难以解套时，该怎么办？就需要包容！——虽然我不能接受你的意见，但起码可以尊重你，这很重要。否则既不接受，又不准人家表达，未免太霸道了吧！

我们已经谈到沟通应该注意的几个技巧性的问题，最重要是参与，参与之后了解，然后便能加以欣赏与接纳。万一发现两个世界全然没有交点，那就热情地予以关怀或鼓舞，而非冷漠地加以伤害，然后等着他出纰漏，看他笑话。人世无常，今天他会出纰漏，难保哪一天你不会出问题。

沟通的目的如果就是要打垮对方，那是很不好的生命情操。我们应该找到志同道合的人来共同生活。当共同生活的人理念上产生歧异时，应该鼓励对方适性发展，不要硬框在同一个世界里天天斗争，这样日子不好过。

沟通是我们身处人情世故中不可免的主修课程，这当中的对象包括夫妻、父子、上司部属间等种种可能产生对立的双方。当今社会也开发了许多相关的课程，诸如演说技巧、人际沟通技巧等。大专院校、社区大学或大型的企业团体，皆不乏此类专业训练。可是我们却也发现，很多沟通场合多半被当成战场处理，这会使得人性趋于凉薄，虽然人人看来充满兴奋的活力，可都用错了地方，社会宛如战场，那是灾难，不是幸福。

幸福是充满活力地相互交流，交流无碍，沟通有成，当然彼此结合。沟通不成，内心至少也取得部分的了解。我们应该鼓舞他，彼此各自独立发展，每个分子都扮演好角色，社会才可能更美好。否则如果诅咒对方，不但自己堕落，社会也因此蒙上了一层灰蒙蒙的阴影。

我们该冷静想想，夫妻间的关怀、沟通充满默契和幸福吗？抑或如同战场？若夫妻的沟通像战场，相信最后定然有一方扭曲人性，而另一人则活在对方的霸权之下。不幸的话，可能还导致暴力或离婚收场。这种破碎的家庭是沟通所要的结果吗？

父子间亦然，与夫妻间的情形很像。夫妻关系搞不好还可以离婚，虽是悲剧收场，尚可解决。那么父子不合，总不能声明脱离父子关系、登报作废吧？这当中的血缘、亲情无法断除。这时我们相信，假如能善加沟通，父子俩就能真正了解彼此内心世界的迥然不同，那么父亲如何祝福孩子、鼓励孩子走出他的一片天？必要时，给予适当的支持和完全的关怀，这是父子间应有的伦理，而不是非得让子女听从父亲的话。

谁说子女一定要与父母相同？想想看，假如这父亲以自己为范本造出一个复制人，他也不见得和本人完全相同。因为本人与复制人所处的环境有别、人际关系有异，所以两人成长的结果也会不一样。

其次，再看看上司部属、老板伙计之间的沟通。身为老板或上司的你，能否让不同意见能够各自妥善发挥作用，成为集合的力量？或者是让一方受伤离开，因而多树立了一个敌人呢？

沟通场合绝非战场。沟通是敞开心胸，让内在世界完全曝光，这时没有秘密，在相互了解的前提下，如果清楚双方内心世界实是大不相同，再无交集，难以共事，那就平和地分道扬镳，给彼此一份祝福、一份关怀，鼓励对方重新出发。并非不合就要成为敌人，因而诅咒对方。我们在必要时，可以客观、冷静地支持对方，往后因缘际会，仍可适时地相互辉映，创造双赢局面，那是力量与友情的扩大，否则反目成仇，不欢而散，岂不两败俱伤？

沟通，绝非战场上的角力，而是一门非常重要的人生艺术，是人人都该具备的。它不是那种剑拔弩张的争斗，而是非常美好的人性对话。

这世间，人与人相处，角色其实很多重，有时像朋友，有时像父子，有时又像师生。沟通之后，我们发现，有些人往往发现自己错了，却碍于面子，不敢承认错误。他恐惧了，自然会模糊焦点，我们明了这是面子的问题。一旦发现对方出现这种尴尬的局面，那就该知道如何帮他将面子放下，从侧面鼓励他重新面对问题，以承担起责任。这其实需要一番鞭策。一方面，你必须很有技巧地让对方认识到错误，并且肯放下面子；一方面，还要能引导他勇于改过。

有些人认为这不宜在公开场合明说，然而面对此种情境，即使只有单独两人，他都会觉得拉不下面子。所以这时如何让对方卸下心防，拿掉面子，是沟通者所应掌握的艺术。戏演完了，戏服舍不得放，你觉得它很美，那你再穿吧！这样的话，怎么沟通呢?

同样的，你既然在沟通时发现了自己问题的症结，那就得坦然面对，把自己看得更清楚。发现了自己的错误与盲点，更需昂然挺身、自我策励。然而身为凡夫的我们，往往拉不下面子，放不下身段，一旦面临此境，你能否很快矫正尴尬的立场，重新来过呢?

沟通不在于降服对方，也不在于让自己屈服认错，而是一定要把事实弄清楚，这样子就达到目的了。而这事后的问题如何处理，其实是沟通的善后工作。因为沟通以后，双方都必须针对沟通的结果去进行调整。按一般话来讲，我如果是理屈的一方，那要怎么调整，这都还不是问题，往往理赢的一方，都还需要再进一步调整。因为不论输赢，彼此都得共同过日子，而且要过得更好。可见，沟通的善后比沟通本身来得更重要。

有时候沟通看起来好像失败，并未完全明白彼此间的想法，可是过一段时间之后，忽然有一天深入碰触到了关键点，以往模糊不清的焦点在事后发现，并足以让双方更清楚地面对问题而加以解决，这就达到目的啦！因此以往的沟通并不算失败。我们是在生活、是在沟通，而不是在谈判的战场上厮杀、论输赢；只是理清状况，了解彼此的内心世界而已。

另外，沟通时彼此的语言谈吐及坦诚与否也很重要。隐瞒式的沟通，与谈判何异呢？谈判本身对任何人来说，都是一种逼迫。谈判只不过是一种较为文雅的战争而已。生活在这竞争的时代，谈判经常会有，但千万不要让它侵蚀我们的生命。谈判如果影响到夫妻、父子等关系，皆属不幸。因为一恶化到谈判的地步，即使不破裂，大概也难以善终。尤其夫妻、父子间一上了谈判桌，就算有了彼此都满意的答案，但那个裂痕或疙瘩是否也难以消除、永远存在？所以我们应该不放弃沟通，避免坐上谈判桌。

沟通圆满，可使世间更尽善尽美，使人生臻于止于至善。夫妻间、父子间、母女间、兄弟姐妹间，甚至上司部属间或同事之间，沟通无法圆满时，就是两个不相交的圆。这时端看哪一方愿意落落大方地展现成熟人格，方能将整个局面推向圆融。

亲子间那种完全不相交的圆，常令众多父母难以接受。尤其能干的父母亲们，该如何展现成熟的人格，给予子女辅导，让他拥有自己的一片天去发展呢？这是在考验父母亲的成熟度。如果父母够成熟，可以让子女尽情发展，这世间将因子女们往外舒枝散叶而丰富多彩。各位想想，假如子女的那个圈圈、那个世界跟我的不相交，我便采取逼迫手段，令其屈服的话，可以想象，是不是会发生灾难？

我记得看过一个故事，好像德国有位医师，某天当选了医师工会理事长，于是大家请他发表感言。他说："非常感谢我的父亲支持我当医师，现在我已经完成了他的愿望。其实我从小就渴望拉小提琴，至今为止，我所买的十几把小提琴都还没拉过，我希望今后可以好好学小提琴、拉小提琴。"你看，做父亲的把子女逼到这种程度，儿子功成名就了，他或许深感荣耀，可是这儿子的人生是不是有许多缺憾？

第八讲

父子之间

父子间的问题是普遍存在的。父子关系怎么产生？孩子生下来，他跟父母亲之间的关系便理所当然存在了。可是我们今天所碰到的问题好像不单纯如此，这是社会复杂化以后所产生的一种现象。我们似乎应该更进一步去了解，父母子女间的关系到底怎么了？父亲对子女，究竟该负什么责任？并非生来本如此，出生后父子关系即告成立没错，但往后父亲是否尽了应尽的责任，如果没有，那他能否要求子女也该尽孝道。这一点，我们似乎都没仔细想过。

孩子出生后，父母亲很辛苦地为他“把屎把尿”，从小拉扯到大，等你老了，子女却说：“我为什么要养你？有养老院、有社会福利啊！”结果把他送出去了。这样合不合理？时下很多青年人就常有这种主张。父母老了就送养老院的观念已经普遍存在。

这其实已不光是老人的问题了，而是牵涉到孩子出生后，年轻的父母如何对待子女，是否能善尽父母的职责，否则老了以后，又怎能要求子女反哺呢？宏观来看，这当中确实存在着一些的矛盾。

我们发现，父母对子女的责任有个很大的落差与代沟，若没好好处理，我们所遇到的痛苦就不只这样而已。如今做父亲的为了生存，尤其奉子女之命而成婚的父母，为生活打拼都已经自顾不及了，子女的出生成了很严重的负担，他们本身尚需人家来教育，何况要他去教育子女呢！这时，父母子女间的关系只有更加恶化，整个社会风气也随之愈趋于混乱。

这种情况不只发生在父母子女间，同时也已波及师生、主雇等，校园伦理及职场伦理都受到挑战与考验。可见，父母子女间的责任归属问题若未被理清，流风所及，社会各层面都将受到影响。

我们并非危言耸听，而是呼吁大家正视这个问题。一方面，个别的家庭应该好好进行"沟通"教育。沟通，是亲子交流最重要的一环，其目的在于认识彼此的内在世界。但由于我们对彼此的内心世界不够了解，因而伤害了下一代。我们老觉得子女不能体贴父母，子女则觉得父母老是喜欢谈人生老经验，于是抗议："时代不同了，别再讲那些了！"两代间产生了绝缘现象，无法引发共鸣。

父母子女间如何建立共识？如何有所共鸣？彼此怎么在家里、在人生旅程上，真正拥有所谓生命的默契。一个人一旦无法了解人生是什么，其实会活得很盲目，而在无人指导的情况下，他甚至不懂何谓盲目，更遑论人生目标了。你指他盲目，他不承认，你说人生要有目标，他质疑目标一斤值多少，这怎么办？

我们认为，在家里需要培养出对生命的那种默契和共识。家庭是一切一切的基础，是人生的基础，它不是一个房子里摆上两个人偶，那是庙而不是家。家庭是父母子女生命旅程中建立共识的基础，如果它不能发挥这种作用，就不称其为家了。家庭既然是建立和取得生命价值与意义的基础，那么父母子女间存在一种沟通机制，就显得很重要了。

首先，父母对子女不光要给予社会意识的规范。就社会意识规范而言，子女好比被社会信托给父母来教养，乃是一种信托关系。为何说是信托关系呢？父母与子女有血缘血脉之关联。他是你生的啊，你认为你们之间本来就这样子，果真如此，那就不属社会意识的规范，而属生命存在的一种抉择，其间意义完全不同。他既然是你生的，你的生命就通过他来传衍。你帮他取名字，你的生命转由他传承了。很遗憾地，我们往往把子女当做单纯的个体，有点像商品或财产，抑或理想的化身，将来由他来实现某些你无法完成的理想。这种信托关系，不是很可怕的社会意识吗？

父母与子女之间绝非这层关系而已，最重要的是，生命延续到他身上来，这时如何让他的生命比我更茁壮。倒不是给他两百万，然后由他经营成四百万再传给孙子，而是我的生命最初由生存边缘挣扎过来，如今如何让他拥有更佳的生活、生命品质，以脱离生存边缘的挣扎而进入生活领域，展现生命的尊严与荣耀，那才叫进步与成长。否则，上一代与下一代之间永远都在生存、生死边缘挣扎，生命根本毫无长进。

生命是什么样子？没有人知道。光是这个，父子间的关系是什么，就没人能够弄得清楚。我们只是将子女当成获得的一件礼物而已，还是天地间生命延续的宝藏？稍不留意，你就容易处在这种矛盾中。孩子出生前后，你非常疼惜。怀孕时，你做了各种准备，胎教书籍样样不缺。他尚未出世，奶粉、衣服、袜子、玩具都已备妥，连名字也想好了。可是等他出生、待他成长，你开始乱成了一团。

这个时代非常繁荣，要什么有什么，所有东西都有很好的选择，这些都属社会产物。而你真的体会到小生命即将降生了吗？他将会发生什么惊天动地的变化，你知道吗？他最重要的一项使命就是来接续你的香火，延续你的生命，那最重要的，当然就是如何将我们的生命传衍给他；不是他血液里头流的血、存在的DNA而已，而是生命真正的价值。

我们发现，父母子女间的沟通，为何会产生两个不相交的圆呢？为何他内心世界和你有所不同？问题就出在父母亲未将其生命价值传递给子女。如何将这个传衍给下一代，乃是父母智慧的展现，而子女们如何接纳，则是他的智慧①。

我们是否真正完成了一项重要的工程——怎样把生命价值观很完整地转移到孩子的生命领域，让他也能接纳。这种教育，从小、从他出生后就必须展开。

有人认为胎教很重要，其实如今所说的胎教，是一种功利主义。你这生命的价值观，在孩子尚未诞生以前就可以进行了，不过这有点抽象。你怎么抚摸肚皮，好把你的生命感受传递给他。出生后再进行就比较具体了，例如怎么抱他、怎么背他，怎么跟他玩游戏……小孩子开始读书的那段时间尤其重要，最少大概有五年的时间，你必须进行一项工程，不是早上用闹钟把他叫醒，而是如何在他起床之际和他相处得很圆满。

叫小孩子起床可是一项工程、一项艺术哦！父母亲白天要争生存，晚上要理家务，实在也够疲累的了。但是再怎么样，早上至少

---

① 智慧：佛门所言智慧，是指我们能否了解到生命本体、本质或其存在的真相，并将之表达出来，而不在于我们对世间万物认识的多寡。具体而言，第一，必须深信且了解因果。

也要提前一个小时起床，先打理好一切，然后回到被窝里跟孩子游戏。你从游戏中把他叫醒，他会很高兴，然后很满足地去梳洗换衣服、吃早餐上学去。一般父母都是一起床就顺便把孩子叫醒，然后各做各的事，弄完了就一起出门。这种情况下，孩子的失落感很重，将来他要从生命旅途中去弥补这些失落，却难以满足。因此，起床的艺术需要父母亲共同来努力。

礼拜一到礼拜五，每天早上都得如此，如果只偶尔应付个一两天，对孩子来说反而是一种刺激；如果这种温馨感完全不存在，他天天都失落，那是一种灾难。现今的青年朋友普遍存在着这种问题。

各位朋友，当我们提到对子女教育需要耗费那么大的精神与体力时，你是否感到很不值得？

回头来看，如果你选择了结婚生子，你便对子女负有绝对的责任，不能推说事业为重，否则就不要结婚或不要生孩了嘛！对丁责任，我们毫无认识，即使为人父母，也一点都没有责任感，这不是很麻烦吗？我们的责任在哪？成家不是容易的事，成家前必须先接受婚前教育。也就是说，通过婚前教育，弄清楚对子女的责任该怎么承担。

现代人对于这种目的，没有长远的宏观愿景，只是眼前这样就这样，不负责任。孩子生下来以后，愈早送到学校去愈好，反正只要学费一缴，就通通让学校帮你负责。学校怎么帮你负责啊？你生的，你的 DNA 在他身上，你都不管了，学校里一个老师，怎么帮你负责呢？

我们对孩子生命的存在，必须绝对尊重，家庭以子女而非夫妻为主人。夫妻结婚时，互以对方为生命核心，可是当孩子出生后，就得以孩子为核心。可是今天大家都以数字、以存折为核心，生命都到哪里去了？我们成了一部赚钱的机器，生命只剩下数字，已经完全缺乏活力了。

以家人来讲，生命就是要充满活力，而活力的最重要来源就是子女，通过子女充实我们的生命感和生命力。各位如果言念及此，就会发现工作、事业其实像动物每天出去觅食、回来喂养子女而已。动物不懂得教育子女，一旦子女长大，本能产生时，就放其单飞了。而人类之所以为万物之灵，其差别关键就在这里。

人类把生命经验传递下去，这个过程所包含的层面相当广，例如怎样认识好朋友，怎样在人生旅途中避免被坏人陷害……怎么样将这避开陷阱的人生经验传承下去呢？你有没有时间呢？在这里，如果你跟孩子没有共同语言、没有默契的话，孩子怎么和你沟通，这很容易造成后半段人生的不幸。我们之所以重视前半段，就是为了避免往后的问题。

如何和子女建立起生命的共识与默契，这一点相当重要。这种人生经验的传承，必须在一开始就进行，不要等长大了才来。很多富贵人家常认为把孩子先送到名校去训练，等他二十岁回来，那时再把理想理念教导给他比较快。这可能吗？搞不好送回来的孩子，已成了另外一个人。从小你不曾与他沟通，等他长大了，有了自己的思想，这时你要把自己的理念硬塞给他，能不被他批判或推翻吗？这时候你怎么办？

有的孩子在七八岁，有的则到了十三四岁，或者十五六岁时开始产生叛逆，这时候其实他已进入后半段。孩子已经拥有自己的见解，他长大了，已经有了自己的判断力，那么各位想想，你能在这个时候才要介入而跟他产生冲突吗？你应该在他小时候就预先看到，为何他不吃奶了？为何他要自己选择玩具？为什么他不再让你牵手？为什么他跟同学玩、不再跟你亦步亦趋？这都表示他已经长大，不再缠着你了，他顶撞了你，而你却受不了。在这种情况下，你如果能尊重他，那还算是一种成熟的表现，否则你会表现出很多不负责任的现象。

他不让你牵手，他要自己找朋友玩，你说他长大了，所以也放任他去玩，做他喜欢做的事……其实这也是不负责任。然而你若能真正了解并接受他的不同意见，并且适时加以引导，那表示你本身是成熟的。可是我们也发现，很多父母会动怒，指责孩子叛逆，这表明为人父母者还很幼稚。儿女要甩掉你的意见时，你能加以尊重，才是成熟的父母。然而绝大部分的人，无法接受这种状况，所以很多父母亲本身，其实有再接受教育的必要。

很多人学校毕业以后就很少再继续读书了。我们的读书气氛和习惯非常不好，尤其有关人生、生命教育的议题，更少有人关心。可是孩子一天天长大，我们的自我认识和责任感又不足，这时候该怎么对子女负起绝对的责任呢？而等你老了，他都已经感受到许多的不满，你又能为他尽什么能力呢？所以我们必得要有个基本认识：父母应该与孩子同步成长，除非你是个永无止境自我超越的人，否则就应该在子女出生后便和他同步成长。

孩子出生前，我们要做好准备。孩子生下来以后，我们的人生才真正要开始呢！所以我们也必须重新来过、学习，与孩子同步成长。

俗话说："养儿方知父母恩。"当了父母之后，才知道生养子女的辛苦，这就是与子女同步成长的写照。

以往，我们的生命旅途可能极坎坷，无法满足基本的生活所需，那我们更应凭借着这样的经历，来满足子女的需要。然而我们真能满足他们吗？他要五百，我给一千，给他最好的玩具，供他最好的衣服、电脑……只是这种物质上的满足吗？他需要的是这些吗？不！他所需要的是生命的质感。生命质感有多高，牵涉到父母亲本身的层次。你的生命质感若不高，那如何能要求子女不叛逆？

我们应该活出自己的生命感，而这要从哪里来呢？不是通过事业创造财富。所谓生命感与生命力，是从在家与子女相处而来。你是否老是板着脸教训孩子？还是跟他闲话家常，畅谈内心感受，谈他所面对的世界？他生活的点点滴滴，你得要有兴趣。我们连剪个指甲都要上美容院，可是却连怎么剪的也搞不清楚，那这样会对子女有足够的关心和注意力吗？好吧！就拿剪指甲这件小事来说，你可曾想过，如果能在家里，一家人一面聊天，一面弄弄这些小事，那画面有多温馨？那真的是生命的享受啊！在美容院里，别人帮你弄这些，你只觉得嗲里嗲气，而你在家和子女间通过这些小动作互动，情况就大不相同了。

我们看着孩子长大了，他的注意力也一直在转变，婴幼儿时期，他的玩具是铃鼓、火柴盒、小汽车……然后随着他长大，注意力也转移到铅笔盒、橡皮擦等。他的玩具变了，然后会看漫画了，从小叮当、小甜甜，到后来看运动漫画……那表示他在长大，而你是否在跟着他一起成长？你感受到他的生命力、感受到他成长的过程和转变了吗？你可曾留意过孩子开始注意些什么吗？如果都没留意，谈得上为人父母吗？

小孩子很厉害，父母生气时他很乖，因为他感受得到，反过来看，我们感受得到子女的情绪吗？他尽力感受父母的变化，而我们对他的转变却毫不在意，等你老了，想要他来孝敬你，可能吗？当然，养儿防老并非目的，我们必须正视的是生命交流问题，亦即生命互相交流时所产生的不公平现象。到底是谁的错？你自认为教养了子女，而他对你毫不在意，事实上却是子女很在意你的变化，而你从未留意过他的情绪。因此，每当你在意之时，便是冲突之火点燃的一刻。

身为父母的我们，根本都弄错了。我在这里很诚恳地呼吁，大家应多正视子女的成长过程，才能感受生命的存在。当子女一再成长，而做父母的却一再忽视时，孩子的生命能量会一直累积，变得非常巨大。如果你能加以留意、导引，那么一旦他能量爆发，可能就是个优秀的天才。而你不屑、不留意，甚或贬抑他、扭曲他，那他成长过程中的这股生命动能该如何处理呢？

孩子在家得不到宣泄，生命能量无由爆发，换句话说，他的才华不受肯定，所以他转而发挥到学校，如果再不受重视，只好爆发到社会上去。真正到了那个地步，可能不仅止于爆发或宣泄了，而是一场灾难。

他可能认识了一些损友，因为一些父母又没把分辨良朋益友的生命经验传递给他。我们只告诉他不要交坏朋友，可是他怎么知道谁是坏朋友呢？他的生命能量需要爆发、需要宣泄，这时他流连在外而不想回家，家成了旅馆和餐厅的代名词，家庭悲剧于焉而生，你成了彻底失败的父母。你没有将其生命能量导引到正途，反而任由他在外胡乱宣泄，这时你能怪他叛逆吗？事实上是身为父母的你，没尽到应尽的责任；早期他在家里，你们彼此间没有建立生命的共识，缺乏一体性。

我们说，家庭是生命共识的基础，家庭是生命价值重构的基础。然而多数人都未与子女好好相处，都认为何必耗那么多的时间和精力与子女相处？各位，那才是人生真正的价值所在呀！你不愿在他身上多投注一点心力，那你的人生奋斗所为何来？难道仅是为了别人的掌声与喝彩？

忽视了家庭成员的心灵对话，才真的是人生的灾难啊！

第九讲
工作与生活

所有动物生存于世间，唯一的工作就是填饱肚子，不管是鸟找虫吃，牛、马、羊找草吃……所有动物的一生都在找吃的，这成为它们一生中最重要的，甚至是唯一的活动。我们也观察到，动物们在找吃的同时，活得很愉快。不知为何，我们看到小鸟飞，看到动物的那份求生本能，都会觉得很美好。然而人类却至少有九成的人，在工作之际陷入了痛苦的状态。

你知道这当中存在着什么问题吗？

动物的生存、生活与工作是三者合一的，所以工作固然是为求生存，可是同时也在生活，它在这当中毫无距离感。因此，它工作得很自在，活得也很自在。当它工作发生挫折时，也是生存面临威胁之时。换句话说，工作、生活与生存，这三者对动物来说是为一体。

人类就不一样了！人类对生存、生活与工作采取一种迂回的态度。工作本身不是直接找吃的，而是通过工作生产，然后贮存，需要时再拿来用。这个过程，让工作本身和生存产生了一个距离。好了！生存之余要如何生活，又再产生一个距离，于是就有两个距离了。无法把生活与工作连在一起；他既无法在工作中生活，也无法在生活中工作。在这三者当中，他最后一共产生了三个距离。

身为人，他如何在这三点与三个距离当中，取得一个平衡呢？

这就是所谓“人生的艺术”，也有人称之为“生活的艺术”。

的确，要把工作、生存与生活摆平，确实是个大学问，更是一项艺术。不管称之为学问或艺术，人类在这方面都未曾落实到教育上，所以鲜少有人能在三者当中取得平衡。大多数人都在生存、工作与生活间陷入了困境。

人们思索着如何在这当中妥善的安排，于是也产生了种种文化状况。有人工作时拼命工作，生活便拼命享受，这当中，生存被淡化掉了。在生存不受威胁的情况下，工作与生活变得空虚，并且产生了一种深沉的无奈与恐惧感。然而我们发现，一旦人的工作受到威胁，生存也立即受到威胁，于是生活也随即消失无踪。这时候，人又陷入了另一种极端。这是我们经常看到的现象。

有些人好像天生不需要工作，因为家有恒产，毫无生存压力，所以他只有生活。他并不是真的没有工作，问题只在于如何将现有的资源做最妥善、有效的运用，以便让生活更悠游自在。他的工作与生存事实上早就安排好了，但不见得是他本身的安排。而我们也发现，这种人反而容易觉得人生很孤单，生命不够丰富、光彩，老觉得人生体验不足。为了弥补这种问题，他会把参与各种冒险活动，比如登山、探险或从事海上运动当成生命的体验，以弥补工作与生存上的欠缺感，而这些活动对他而言便等于是一种工作。可见，人类的生活、生存与工作变成了一种迂回的现象。

人不像小鸟，看到虫或喜欢的谷物、水果马上就吃。动物寻找粮食即是工作，觅得粮食便送进肚子饱餐一顿，生存问题当下解决。它获得了满足，这就是它的生活状态，看起来很单纯，生活好像也很单薄，但只要找得到粮食，三者一并解决，它便既满足又自在。

人类不一样。人类有工作，但有人工作了一辈子都不知自己在做什么，所为何来？他只是每个月领那份死薪水，然后妥善分配，维持一个月的生存。工作与生存之余，如果还有一点时间，便创造一点生活。这是许多人的共性。而这就是大家所通称的“文化”。

文化其实是人类生活的一种表现。家庭则是个人，三五个人生活的一种文化，所以说家庭不等于一所房子，因为房子没有文化，只有人住进去以后组成家庭，有了生存、工作和生活，才展现出家庭的文化。有了这份文化，才有家庭的存在，有了这份文化，才看得出家庭幸福与否及品质的高低。家庭文化正是一个人，工作、生存与生活的一个缩影。

我们通过这份工作来维持生存，进而创造生活。我们在这三者当中取得协调，让自己这一生，跟家庭的每个成员都活得很幸福、安详、愉快。各位朋友，看看现代人，迂回绕了这么一大圈，无非都是为这三件事在忙碌。你一个不留意，忽视自身生活，可能就感到纳闷、恐惧或不安，因为你对生存没有认识、没有保障和肯定。

你有点工作狂，负责尽职，叫职业操守……那很好，但人不能光有工作而无生活。动物工作时很愉快，鸡用脚扒着土，嘴巴啄着沙子、石子和虫子，一股脑儿都吃进去了，牛一口一口慢慢地嚼着牧草，有事没事还反刍一番……不管忙碌或悠闲，它们总有个共同特点——享受它的当下。忙碌的鸡享受着进食的喜悦，悠闲的老水牛，嘴巴一歪一歪地嚼着，口水还一边流，它们同样幸福自在，那都是它们生存的一种享受与安全感。而我们呢？

这个月工作，却担心下个月的动向，担心荷包里或银行的存款。你有恐惧，却莫名所以，说不出来，不知道自己在恐惧些什么。这不见得是源于外在，最主要的还是来自于内心里的不安。

由于你心理上存在着这种不安的因素，所以在职场上，你的职业操守会有所错乱，工作拿不出好成绩和效率，以至于连累了家庭的稳定。在你脑袋里的，无非是工作、升迁、所得、储蓄……这时候，你其实是在生存的边缘挣扎，工作表现得再好、待遇再高，你的“生活”都趋向于零，一旦这样，你与父母相处的关系便不好，夫妻不和，子女不睦，接着整个人际关系都开始恶化，家庭和谐当然也无从建立。

我们应当回归家庭“生活”，吃饭以外，还应该享受生活的品质与乐趣。要建立一个良好的家庭，不管是提供给子女的教育，或者是夫妻间的相互提携，或者对父母的安慰照顾，都属家庭文化与生活，与生存无直接关系，却是生存层面的扩大。

我们不该仅仅挣扎于生存边缘，为生存奋斗之余，还必须挪出时间设计自己的生活、自己的文化，不管旅游或逛街，即便只是上个小馆子吃饭，或在家泡茶，聊聊公车上的所见所闻，或者上美容院剪指甲、洗头发所感受到的喜悦……分享这些生活的点点滴滴，也是一件令人感到温馨与幸福的赏心乐事。这其实就是生命的价值、生命的质感。

我们工作所为何来？就为这个吗？光会在职场上跟人家争胜逞能，那没有用。一个人若只会在工作职场上表现自己，其家庭生活显然将付之阙如。如果他在家庭生活、家庭文化里，拥有一个自己的天地，那么在职场上也必能达成高效率及人际关系的圆满。高效率是原本即应具备的，你把分内的事做好，至于升迁与待遇则无所谓，即使偶尔加个班也无所谓。我相信，如果你懂得和家人分享这加班一两个钟头的付出与贡献，家人必会深感温馨，并以你的牺牲为荣。果真如此，你也会看到自己的家庭是怎么建立的。

想象一下，你在职场上一味计较、争执你的待遇、升迁、假日、休息、权益等，那么你的家庭是否也同样存在着这些呢？你回到家，开口闭口尽是种种利害计较，那么整个家里的气氛是否也会变得非常势利和功利？影响所及，夫妻、父母、子女之间是否也跟着相互势利起来，这样的话，家庭和谐岂不是荡然无存了。换句话说，你成天都在竞争里，你没有丝毫人生的享受，怎么懂得家庭文化如何建立？

家庭文化不一定是在餐桌上建立的，它随时随处可以表现，我们在外的举动也是家庭文化的延伸。那么在职场上，是否也是家庭文化的延伸呢？社会上习惯说某某人家教很好，其实就是指其家庭文化很好。家庭没有文化，没家教，通过外在举止会表现得一清二楚。现代人往往把观念给模糊了，即使对此偶有所感，也很快淡泊了，所以无法就本身所面对的情况积极去进行建设。

我们工作之余应该仔细反省，难道工作只是为生存的利害计较吗？不是！为生存而努力工作之余，最大的财富就在我们的家庭。一个人的财富不能光以金钱数字来衡量，而是看我们能否经常与家人良好地沟通、很温馨地相处。随着子女长大，我们也与他同步再成长一次，你能这样的话，你和子女的人生经验都会获得丰富的历练。同时家庭的文化、伦理，及其幸福与享受将会绵延不绝。这时，你的生命价值与意义会是永恒的，它无止境地向前发展，人类生命存在的光辉也因此永无止境地闪烁着，我们的社会也跟着灿烂与美丽。

工作、生存与生活之间要取得平衡，意思并非要你工作态度消极、不负责任，甚至退出社会，而是提醒大家，工作之余应该懂得人生是什么。在此必须明确强调，工作乃生存与安全的保障，因为人类整体的文化架构就建立在这么一个迂回的情境中，所以工作有其必要性。而且不管身为伙计、小职员，人人都该将工作当成一项专业。怎么把它变成专业呢？就是从中感受喜悦与乐趣。如果一切按社会地位看，那么人家是经理，我是员工，人家是董事长，我是个小助理，人家是老板，我是伙计，混口饭吃而已，哪需要什么专业？

人活着不应该这样！任何工作，都必须欣然接受。工作本身并无高低贵贱之分，然而在社会整体架构中，职级位阶却是不可免的，因为社会运作乃属众人之事，唯有这样，社会的运作才会井然有序。

这种划分并未否定个人的生命价值。每个人扮演的社会角色虽皆不同，角色虽有殊异，但在各自的领域里，生命价值却都会闪光。你所做的工作，也许以平常眼光来看，职位微不足道，薪水更是卑微，但要知道，你死了，太阳从东边出来，你的大老板死了，太阳难道就打西边出来吗？一样！就真理的本身而言，人人无异，只是在人生舞台上，他演老板，我演伙计，如此罢了！我们的人生，万不可以因为扮演伙计，所以就罢演。不管社会角色有多卑微，社会运作缺了它就是不行。

职场角色尽管有种种不同，我们都必须当成一份专业来做。简单来看，很多员工倒垃圾时，动作通常很粗鲁，垃圾桶拿起来，咔咔咔……垃圾一倾而空。你能否将它当成一件很美的事业？“我在为这世间做一件美好的事，把人类所不要的东西清除掉，好让环境尽善尽美。”当你以这样的想法、这样的心情来工作时，它就是一份专业。这份事业有支薪，却又毫无创业的风险，想想看，这种事业可是万无一失哪！怎么不懂得珍惜呢？难道非得要冒风险，成天战战兢兢过日子，才叫事业吗？

工作，对每个人而言，即是事业，端看你以什么样的心境来对待它。假如按社会名声、职称高低来衡量，那任谁都会感到痛苦。如果每个人在面对工作时，都以欢喜、愉快的心境来面对、来完成，那便是一项伟大的事业。

工作无贵贱、无大小、无高低，端看你的心境和心量如何。你若是很诚恳慎重，而且愉快地接纳，它便是一份事业。有一份薪水，又可做喜欢的事，这个工作与生存便融为一休，你得以安家、立业，那么所剩下的时间就属个人财富了。这个财富要如何经营呢？便是怎样过所谓的家庭生活了。如果你善于歌唱，唱唱山歌民谣或流行歌，这就是你的家庭财富。你若喜欢跳舞，每天晨跑到公园去跳舞，就成了你的家庭文化。如果吃过晚饭，所有家人齐聚，谈谈一天的心得，交换这阵子的心灵成长，这份财富更是了不起。如果家人一坐下来，便开始谈论功利竞争之事，那当然也属一种生活方式，但你会发现很快就掉入生存挣扎的情境里去了。

生存之余，我们必须有足够的生活空间，那是用以体会家庭生活，能掌握此，才是真正的财富所在，否则家财万贯而无从享受生活，毫无意义。你有多余之资，买古董也好，购置艺术品也罢，或者纯粹享受嗜好，都可以享受生活，此即真正的人生。一个人工作、求生存之余，若无足够的空间活出自己的样子，充其量不过是个很忙碌的工作机器；一部赚钱的机器、一个权力的制造机，那样的人生有何价值与意义？

生命里，我们必须提醒诸位，对生活中的一切生命，必须懂得其存在的价值与意义。动物们天生干吗？就是求生存。小鸟出生后就知道找虫吃，找到虫吃，就在那个当下，它生活，同时也满足了生存的安全。人类由于绕了弯，迂回从事的结果，生活空间拉出来了，于是得以进一步创造家庭文化。如果不懂珍惜与把握这个空间，反而转回去投入竞争与争执，让这开阔的生活空间平白消逝，那简直辜负了人类创造文明的一番智慧，令人遗憾之至了。

现在，我们不妨这样问问自己：我们活在哪儿？到底是在生存边缘里挣扎呢？还是有很宽广的生活空间呢？

当你挣扎于生存边缘时，即是活在地狱，而生活空间相当宽阔，便是置身天堂。各位想想，今天有多少人活在地狱里？不要听错了哦！那些没钱没势，甚至失业而为三餐苦恼奔波者，固然是为生存而挣扎，但有许多有钱人也不免为生存挣扎。赚了很多钱，却想要赚更多，已有足够的权力，却还欲求更大的权力，为此处心积虑、机关算尽，永远与人竞争，患得患失，这不是在地狱里翻滚吗？

你或许觉得自己活得很不错，累积了巨富，并且大权在握，事实上，这些都是从地狱里争来的。你害怕这场富贵昙花一现，转眼成空，因此随时奋争，活在失去的恐惧中。

如果我们拥有足够的生活空间，也许在家跷着二郎腿，为了毛衣哪条线断了，怎么勾出来重织而和家人讨论着……父母与子女间的谈话充满天伦之乐，夫妻间的讨论如此真诚，不受任何逼迫，即使只是哼哼山歌、唱唱流行歌……想想那种温馨，实在感到非常的幸福。和那些成天交际应酬、处心积虑竞争的人相对比，眼前这就是天堂和地狱之别。现在看清楚了，你要选择哪样的生活？

不要让工作压力逼迫我们的生活。工作完成以后，留一点心、留一点空间，感受自己的文化和品位，开创自己的生活格局与家庭特色，这才不枉身为万物之灵。你若是让自己的大脑为竞争应用到极致，死亡后，人家来拈香默哀，讲几句赞美的话，你一听，都会在棺材里起鸡皮疙瘩，那种不叫人生的尊严，那叫交际应酬。

我们不需要无谓的赞美,我们要的只是那份生命的尊严。朋友们!不要只把工作当成纯粹的谋生工具，否则你只会徘徊于生存挣扎的边缘而已。我们即使是领一个月一次的死薪水，也应该有足够的时间享受家庭生活。刚才也提过，即使你偶尔需要加班，但为公事无私奉献和付出的心境,也足以让人感受到活在世间的价值。能够付出,是人类至为高贵的生命情操,你乐于牺牲假期,那是基于人生的尊荣,而不在于能赚多少，否则做任何事都要求利益回报，生命就真的是既没尊严，又很没有质感。

我们应该懂得，生存乃是必须的，但除了满足生存的条件外，本身还得尽量拥有生命空间。生存若受到威胁，安全诚然会出问题，可是今天，大家的生存条件这么好，我们创造了经济奇迹，却不屑于营造生活品味，吝于提升生命品质，反而一窝蜂地更加拼命，甚至堕入恶性的竞争……这到底是在做什么呢？我们活在哪儿呢？人性尊严何在？生命真有那份荣耀吗？

其实，我们没必要一辈子努力竞争，现有的工作和收入，已足以让我们不愁享用，甚至还能进行进一步的恰当运用。我们的假期也增加了，至少周休息二日，每天下班也有足够时间在家睡觉，人生的空间不可谓不大。如果这样都还不能创造属于自己的生活，享受个人的或家庭的和谐，那不是平白浪费了现有的财富吗？

活出我们的尊严来！工作的同时，活出我们人生的尊严；求生之余，更要展现生命的荣耀。即使我们眼下失业了，了无积蓄，那固然需要一份维生的工作，可是也不必处处与人竞争、计较。工作之余，你有的是时间，却只一直想着储蓄、累积钱财，这时你一定会将自己推向生存挣扎之境，生命价值因此骤然降低，很快的，你又会从天堂掉入地狱里了。期望各位有所警觉，祝福大家！

第十讲

活出庄严来

活出庄严来！要怎么活出生命的庄严，似乎很少有人去思考这个问题。

我们面对人生的种种挫折，不管是事业、健康、家庭、子女……一切琐琐碎碎的事，早已把我们压得喘不过气来，尤其身处高度竞争的社会，面对挑战，我们无暇思索如何拥有空间，让心灵得以沉静，仔细思考人活在这世间到底所为何来。所以，当一个人开始懂得思索生命价值与意义时，其生命质感是非常卓越的。

你如果质疑生命一斤值多少钱，那完了。你面对眼前的挑战，会觉得："应付这些都应付不来了，还谈什么人生的价值与意义呢？要论人生价值，把眼前的事摆平最有意义了。"如果摆不平怎么办？有人说爱拼才会赢，有人说人生以服务为目的，有人说拥有事业最有价值，也有人说感情顺利最实在……到底哪个才对呢？其实，这些都只是眼前一时的问题，并非生命的究竟①。

有个故事，据说发生在日本。有个年轻人去公司应聘，事实上被录取了，可是因为公司作业疏忽，让他榜上无名，他因此自杀了，

① 究竟：在佛教中，形容至高无上之境界，或对事物彻底极尽之意。前者如佛示现至高无上之真理，即称为究竟法身；大般涅槃显示佛教之最终目的，即称为究竟涅槃。后者如以不退之愿心而成就誓愿者，称为究竟愿，此乃赞仰弥陀本愿力之语。

幸好被救了下来。后来，该公司虽然证实他事实上被录取，但最后还是决定不录用他，理由是：这孩子连求职的挫折都无法承受，所以不予录取。

德国发生了同样的事情，德国人却认为：如此简单的一项工作，公司居然会产生疏失，可见并不是一家理想的公司。因此，他们决定不让孩子到这家公司上班。

就不同的文化背景来看，这些抉择其实都没错，这当中的是非难以论断。唯一能肯定的是，文化背景殊异，导致观点不同。你若坚执己意，会被认为是个人的叛逆，不会取得社会共识，只有所谓的独到见解，如此而已。

其实不同的民族有不同的民族性格，于是也产生不同的处置方式。这当中，每个人都在表达自己生命的庄严，不管是公司决定不录取，或者孩子不选择那家公司，都是生命庄严的展现，虽不究竟，但却是个事实。

我们面对家庭、事业、子女、健康……生活中种种事件的综合体构成了我们个人的文化；每个人的生命特质、生活背景组合以后，有其本身的一个核心。对于同一地方，有人决定离开，有人决定留下，离开是庄严，留下也是庄严。我们的决定不受别人影响，自己的决定就是对的。这时，要怎么活出生命的庄严，是为重点。

人在面对死亡时，所做的决定亦不同，有人决定只要一断气，医师宣布死亡，就把所有器官捐赠出去，你看这抉择多高尚。有的人则决定死亡后静静维持二十四小时不动，让大家来默哀，那也是一种庄严。换言之，这些都属种种因素组合的文化现象。在这种文化、这样的情境下，做这样的决定是独立而严肃的，而个人的生命庄严则是就真理的方向来进行确认。

抉择本身的重点在于意志自由，也就是说，个人能否自己独立作决定，不受任何外界干扰，若能真正通过自由意志决定生命方向，那就是真正活出自己生命的庄严。

想想看，你这一生的历程，有没有做过这样的决定？你是否活得够庄严？

要活出庄严，还真不容易，虽然表相上的表达不同，可在本质上却一样。当我们愈接近真理时，你会发现自己愈孤独。

大家都活在社会里。很多人是为别人而活，凡事都想到别人，担心人家怎么说，怎么看。为了适应社会要求而生存，于是落入了陷阱，活在别人的眼光下，因此绝对无法活得独立、活得尊严。

各位要明白，我不是鼓励你叛逆，去做一些让人不齿的事。但很多人活得很无奈，却又必须这样活下去。你活着是给人家看的吗？为何无法活出自己的生命与荣耀？你处处迁就他人的眼光，这样的人生不痛苦吗？事实摆在眼前，我们怎么办？

各位看清楚，这时不一定要反叛，而是明白界限何在，与人相处懂得圆融，莫掉入虚妄的陷阱里。你很清楚社会有个陷阱，但必须圆满它，否则即是适应力不好的人，甚至还被打压，陷入痛苦；在适应、圆满的同时，还必须保有自己独立的个性。

拥有个人的生命空间，塑造出个人的文化，我们才能活得荣耀、活出庄严来。你能悠游于个人的天地，又能跟社会取得协调、圆融，这便是人生的高度智慧。

漠视社会会遭遇到阻难，这显然不难预期，而放弃个人的本质，又会让自己像个行尸走肉。既然两边都不能否定，那就两边都予以肯定，一方面适应社会，让自己无所阻碍，同时也把生命空间展现出来，绽放生命的光芒，活出庄严来。

人是合群的动物，必须与大众相处，无法离群索居。当然，我们也没必要因而抹杀个人特性，埋没了个人的光芒，更没必要因此鄙视社会的价值与意义。社会基于大众利益，必须有一套众人可遵循的伦理。社会上也有很多自视清高、不食人间烟火的人，但要知道，诅咒世人而自命清高，心态并不健康。你说他们是边缘人嘛，他们又不屑承认，但他们确实是不负责任的社会叛逆者。

我们不否认个人意志的存在，但这也必须和社会和谐共存共融。主张个人意志而否定社会伦理规范，是一种偏颇、一种极端。反之，以社会意识逼迫个人的价值观，也属一种偏颇、偏激，这两者的矛盾与冲突经常发生。

一个聪明的人应懂得如何圆满世间、圆满社会的智慧，他的生活空间无限延伸，可以真正发挥个人的意志和行为。现代人的生活有个非常好的环境，那就是隐私权很充分。你可以在自己的生活空间里自由自在发展，无人能侵。如果生活没有个人余裕，你想，这很不好。

我们应该绝对尊重个人隐私。在个人生活领域里，你爱怎么自由享受个人世界，那是你的权利。假如随时处于被监视的状态，那要如何活出庄严呢？各位，集中营般的生活绝不会是我们努力的目标，所以要弄清楚个人与群体之间的分界点。我们必须融入社会，也应拥有个人的生活空间；我们应该尊重人群，更应尊重个人自主的权利。

谈到活出庄严，其实触及了两个临界点。第一个，举例来说，当人不如意的时候，如病苦、死亡，你如何了解抉择生命的庄严？夫妻濒临离婚边缘，如何抉择生命的庄严？同样的，一个人面临失业，他如何抉择自己生命的庄严？你跟人家挣扎、计较时，有没有那份庄严的存在？

原本为了这份庄严，我们可以放弃一切计较争执。然而现代人为了这份权利，可能宁愿牺牲自己的庄严。在这功利主义盛行的时代，你可能认为这样做很值得，事实上是得不偿失的。

第二，得意之时要如何活出庄严。当你遇到不如意时，跌倒了，要如何从中获取教训，让生命成长，才是重点。反过来，得意顺利时，你则应该拿自己的成就来与大众分享，此即所谓左右修法。左边表示不如意，右边表示如意，当你赚钱、快乐、如意时，不是独吞，而是将你的荣耀与快乐分享给大众。所以我们说，成就斐然的社会成功者是我们的社会财富。反之，有人不幸则是社会的损失，我们应该给予鼓舞，让他学习经验，让他获得成长。一旦如此，他有所成就便懂得分享。各位反省一下，我们今天是否这样做了呢？

不管是学者、教授，还是企业家等社会精英，皆应得到尊重，因为他们创造社会财富，其成就让我们与有荣焉，怎么还忍心处心积虑地去打压与伤害他们呢？

人生旅途中，挫折与失败在所难免，我们通过它而得到成长；成功亦非侥幸，顺利之境应与大众分享。我们发现，处在这种状况下，一方面圆满了社会伦理与意识形态，一方面也展现了个人的荣耀与生命空间；我们愈和真理紧邻，就愈能感受那份荣耀，同时也愈能加以实践与实现。这时，不管是个人生命的成长，或借此实现的所谓事业等，这时就能随着你的因缘，由你逐渐扩散出去，全人类皆能因它而圆满。

我们一旦触及人性的尊严、怎么活出庄严等问题，对生命的价值与意义，就有通盘考虑的必要。人性尊严其实与整个社会的价值结构有密切的关系。当社会价值结构健全时，其社会意识与人性尊严会成正比例提升，可是不健全时，则成反比例下降。

如今一些人为了功利、为私人享受，弃人性尊严如敝屣。功利与个人享受乃是一些社会因素所引导出来的，而非个人独立的抉择。我们往往被物欲所误导而不自知，徒具势利眼而不具慧眼，因此也看不到人性的尊严。

不管是传统社会所谈的权利也好，或是功利主义盛行之下，为争取私利而倡导的权利也好，我们暂时都抛下，回归到人性的尊严上来看，不具慧眼而奢谈人性尊严，不过是在糟蹋人性而已。你以满足个人的权力和欲望为出发点，跟尊严与人性谈不上任何关系。我们要“活出庄严来”，人性尊严须列为第一等考虑，而这必须具有慧眼①。

① 慧眼：在佛教中，五眼之一。五种眼力，即（一）肉眼，为肉身所具之眼。（二）天眼，为色界天人因修禅定所得之眼，远近前后，内外昼夜上下皆悉能见。（三）慧眼，为二乘人之眼，能识出真空无相，即能轻易洞察一切现象皆为空相、定相。（四）法眼，即菩萨为救度一切众生，照见一切法门之眼。（五）佛眼，具足前述四种眼之作用，且无不见知，乃至无事不知、不闻；闻见互用，无所思维，一切尽见。

今天某些人所谈的人性尊严，多半是灯红酒绿或珠光宝气下谈的虚假尊严，这只会和权势利益挂钩，而和人性尊严无涉。看人性、看尊严，就从老百姓的日常生活里感受，而不是从权贵的交际应酬上羡慕。人性的尊严在哪里？在居家生活里，在你跟太太、先生、子女或父母相处之际体悟。挂在嘴巴上的，在麦克风前，在灯红酒绿之下，在珠光宝气之中的……根本都只是交际应酬。

你是否尊重先生或太太的父母，甚至尊重别人家的父母？你尊重子女或你的另一半吗？你能尊重别人家的子女吗？这叫人性的尊严。当你能如此全方位思考的时候，生命便庄严起来了。不然，你考虑的前提是什么？权势、利欲、财富……都出于个人私心？我们能否为众生放下执著，甘于平淡？

我们都在服务众生，既以服务为出发点，那么你、我、他都有意见，这时，我尊重你的意见，遵照这个意见去做事，而由我来协助，行吗？别人也有意见，为何不能尊重他人意见，而非要不择手段争到底不可？你不觉得这样侈言人性尊严，乃是一种羞辱吗？某些人为达个人的权势利欲而不择手段，把我们的人性都埋葬了、撕毁了，让社会失去了恬淡，以至于大家不知道为何而活着，许多人处在这样一个莫名其妙的氛围中。

让我们以恬淡自然之心圆融于社会，发现生命的真谛吧。

人同此心，心同此理，我们如果活得够庄严，相信各地的人们也都乐于与我们为友，享受我们的庄严。

第十一讲
下台的艺术

下台的艺术？下哪个台？我们要下什么台？

表演的舞台有上就有下，而人生舞台，你似乎很难找到上台或下台的地方。不管你身处的是政治舞台、商业舞台或是艺术舞台……全都是在人生舞台的基础上架设起来的。

您到底是在什么时候走上人生舞台的，这很难界定。一出生，你就是家庭里的主角。然而一些家庭都把孩子当成附属品，显然弄错了。孩子才是家庭的主人，而家庭生活则是人生舞台的聚光处。看看，错将爸爸、妈妈当成了主人，一弄反了以后，家庭里找不到主人。

结婚时，男人应以太太为中心，然后孩子一出生便成为家庭的新中心。这时候，这个孩子上台了。等他结婚成家以后，当然就是他上台后的另一个阶段了。如果从结婚开始，人生舞台算是一个新舞台的展开，那么你应以家庭为主，以家中的家人为核心，来打造自己的人生舞台。

至于何时下台呢？大概是孩子长大，独立成家时，那就应该转入人生舞台的另一个方向。

很多人都把家庭舞台给忘了、忽略了，唯剩政治舞台、商业舞台，亦即个人的职业舞台，而没有人生的舞台。要知道职业舞台乃架构在人生舞台之上，拥有人生舞台的人，随时可以自职业舞台上引退，不同的只是在于如何选择下台的时机罢了。事实上，我们也看到不少人在走上职业舞台后不久，就被哄下台了，为什么？因为他准备不周或弄错了方向，因此无法适任。虽然他在职业舞台上失败了，可是下台后，属于家庭的人生舞台还是得继续经营、前进。事业成功者无法隔离于人生舞台，而失败者则更需要家庭生活，更无法脱离人生舞台。

职业舞台的良莠大小其实并不很重要，遗憾的是，很多人一爬上职业舞台就下不来了，他不了职业舞台其实是开放性的、属于大众的。

洞悉这一点需要相当大的智慧与涵养。有的人占据职业舞台以营私，公器私用，把自己当成“上帝的化身”，霸占其中，甚至否认其他人的成就，“压霸”心态昭然可见。不幸的是，在功利主义、势利眼当道之际，权谋的运作由竞争转变为斗争，这些人眼中只有事业而忽略了家庭的人生舞台，这时你不难窥见其霸道，因为他认为斗争性即是人性。这俨然三国时代再度降临！权谋兴而寡廉耻，家庭哪里去了？人生舞台如何呢？所以曹操的子女会煮豆燃萁，相煎太急，原因在此。曹操虽然一世枭雄，叱咤风云，能挟天子以令诸侯，但其家庭失败，致使人生舞台架空，最后所得下场仅是一纸历史的黑名单，何苦来哉呢？我们只是一介平民，又为何要步这种后尘呢？

在人生舞台如何前进，乃是重点。在家庭里，怎样圆满人生呢？刚才提到，人生舞台并无所谓上台下台，若是硬要区分，结婚是上台，而当孩子成家立业后，也就是你下台之时。换言之，结婚是人生的一个分水岭，把人生理想从家庭里实现出来。怎么实现呢？活得好，活得有价值有意义，这就是幸福庄严的人生。

孩子结婚以后需要自己的天地，我们理想的发挥也告一个段落，剩下来的是我们本身，将由家庭文化转入个人文化，也就是如何与另一半拥有完全属于自己而不受干扰的个人文化，让自己的人生更加炉火纯青。这个阶段，其实才是我们真正上台之时。相对于子女的人生舞台，我们既已引退，就无须再去左右、干涉他们。我们需要的是更高层次的心灵追求，借以塑造个人。

这时，我们对于自己专业舞台的领域，应该收拾一下，做好下台的准备。不但不应指挥或左右子女，甚至在专业领域里也不应干预新秀，让新的精英接手，尽情发展。你会发现，就家庭，你的血液传承给了下一代，在事业领域，你也有法身慧命①的DNA得以延续。你收拾打点，准备下台，生命依然毫无阻碍地绵延下去。下台是新生命的开始，不是人生的结束，但不懂得下台，将无新生可言。

不管在商场或政治场合里，上下台的情况相当明显。我们拥有足够的学识及良好的人际关系，那么在事业舞台上便可一展长才。然而到了某个程度，那个该下台的时机在哪里呢？有几个前兆，可以提出来供各位参考。

当人生发生重大变化时，即是我们下台的时候。各位能否体会这一点？家庭生活若发生变化而又不懂得下台，这人最后一定沦为野心家。因为他会穷尽后半生之精力，转投注在事业上，甚至为了

① 法身慧命：在佛教中，又作法命。法指理体，慧指智用。以理体比喻为人的身体，智用比喻为人的寿命，故称为法身慧命，略称法命。

顺利推展事业而不择手段。一般而言，如果太太到了相当的年纪才弃世，往后的家庭状况尚能和谐，他也可能安然退休。如果不愿引退，而把原本应该分享给太太的时间转投到事业领域，很容易恋栈于权位，处心积虑地去争夺与计较，这就是一种不幸了。

家庭或人生遭逢骤变，正是从事业舞台上引退和交棒的时机。可是很多人不甘心，心想家庭既已发生不幸，为何又要抛弃事业呢？其实，你若不肯及时下台，人生与家庭将因全心转投事业而日渐空洞化。日益膨胀的权位满足感将占据你的整个生活空间，扭曲人性，让你走上权谋的不归路。

我期望大家不要被社会流行的功利主义所扭曲。人生应该有自己的个性和原则，在自己的生命价值观里走出自己的空间，享受应有的幸福，而不是在社会洪流中与人厮混，随波逐流。难免有人因为看不惯社会而采取一些极端方式，亦即远离人群，不食人间烟火，但是我们一直走下去，看不到自己的不足，也属另一种极端啊！

人生在世，你懂得怎么生活吗？怎么活下去呢？人生舞台上，大多数人对于下台的适当时机，其实心知肚明，只因不甘心，执意以你的贪心去攫夺那些不属于你的。你应该让出去，却一直想霸为己有。

古代的圣贤有深远的智慧，他能拥有更高权位，竟甘于相让，这是多伟大的心胸啊！我们有几人能学得到、做得到呢？是否有人在日进斗金、财源滚滚之际，即断然踩住刹车道："留一点给别人赚嘛！"几乎没有！能赚就抢着赚，谁肯平白放过机会呢？你觉得自己无所不能，要钱有钱，仿佛能点石成金，这种权力实在太迷人了，因此你放不下来。

以往因为吃不饱穿不暖，所以要一再为生存而奋斗挣扎，现在钱已经赚太多了，为何还要这样呢？这是一种灾难啊！你该停止，准备下台了，可是你却继续猛捞狠赚，牺牲了家庭和人生，沦为一部赚钱机器，断送了人生的价值与意义。你可能觉得赚到几十亿人生才有价值，事实上，你早已错失人生该有的享受及舞台目标。你仅仅在职业舞台上空转一圈而已，其实白白浪费了一生。

下台，并非消极的行为，也不是出家人特有的遁世观念。

话说回来，社会人面对的是一种无常，这种情况下若不能掌握好，会被淹没。尤其人生有时尽，要怎么活得自在幸福、活得庄严呢？一涉及此，下台就成了很重要的环节。

前面提过，你结了婚就算上台，等到孩子成家立业的那天，换他上台，而你下台——走下职业的舞台。从另一个角度看，却是你在另一个人生舞台闪光之时——你正要开始塑造个人，开创另一个高层次的心灵空间。换句话说，结婚即是感受家庭的一个时机。其实说穿了，也不过是一种舞台的转换而已。

一个幸福的人，应该有个家庭的舞台，让他去充实起来，然后其事业以此为基础而发展，在此前提下，他随时做好了下台的准备，因为他珍惜家庭、生命和人生。假如他没有家庭，人生舞台便也空洞化了，这样的人最后会产生心理结构的质变或病变。他转而借助操控事业借以弥补内心的空虚，将因此成为社会动荡不安的因素。

各位要了解，下台，不管是步下事业的舞台，或在人生舞台上做转换，都不是人生的结束。尤其很多原来在事业上极不顺遂的人，下台以后反而获得重生，怕就怕他顺利下台以后，可能又黏在新的事业舞台上，放不下了。

当我们的事业达到某种程度后，就应该让新生晚辈在我们的经验指导下获得学习和成长。你必须交棒，光荣下台。你能交棒，经验也传递下去了。你的家庭生命后继有人，事业舞台的心血也得以传衍，两者俱得成就，岂非人生至乐?

我们将生命投注在事业，不管科技、经营、政治理念等，都有卓越不凡的成就，那才是为众生立典范；如若不然，仅仅是在权谋上下工夫，便是人生的不幸，人类的灾祸。

一个真正有价值、有实质意义的人生，需要健全的人生舞台，亦即要建立家庭为先导，才得以架构事业舞台。换个角度从工作立场来看，工作的目的是要建构家庭，进而凝炼出家庭文化，有了这等成就，才可能在事业舞台上顺利平缓地走来。同时，将工作经验与心得分享给后辈，人类文明才可能因此生生不息，而不至于一再地重蹈覆辙。

有些人一谈到下台就感到害怕，下台是人生的新生，懂得下台的艺术，人生才会真正美丽。这不是安慰话，而是事实。当你经历风霜洗礼以后，就会幡然明白：下台真好！唯有懂得下台的人，才会懂得什么叫做圆满的人生价值观。

在台上时，发展人生、开创事业，讲起来都很美，事实上，不管人生或事业，我们都只是在摸索，谁能肯定什么是一定对的呢?凡事都是相对的，样样都在摸索。你摸索到的途径，别人未必能跟着上手。你这样走过去，只能说很幸运地走过去而已。

我们几乎都是战战兢兢地走在人生旅途上，比较温馨和安慰的是，有家庭的支撑，我们很满意地行进于人生舞台上。虽然一路都在摸索，但若懂得下台的艺术，明白到某处该告一个段落，那个摸索其实已经促使你成熟了。有了成熟的人格和价值观，我们能否过一个崭新的后半生呢？

奋斗了数十载，平均学了二十五年，然后结婚生子，再经二三十年的努力，孩子独立了，我们已经历经五十余年的奋斗。古人哪，人生至此已凋零大半，而今我们却才要开始，而且是个成熟的肇端，不是摸索的开始。这不是很幸福吗？

回想你初上台之时，美其名曰是奋斗和发展，但事实上不就是开始在摸索？你刚进入社会打拼时，毫无社会历练，经过了二三十年的锤锻与淬炼，遍历世事，圆满树立了自己的个性。该有的都有了，该走的也走了，这时的你很成熟，眼前即将踏出的任何一步都了然于胸。你无需再为子女的事操烦，可夫妻俩携手走向人生的另一彼岸，下个阶段很丰富也很平淡。

这个“下台”正是新生的开始，至于如何定位，端看个人了。有人愿意在社会上付出，当义工，将人生经验奉献给大众。这多美啊！有人则认为一生颠沛流离、风尘仆仆走来，于是夫妻俩想选个宁静小村，弄个小茅屋，成天对着白云蓝天和青山绿水，就此逍遥后半生，这也很有意思啊！你叫十几、二十来岁的年轻小伙子来过那种生活，会被斥为无聊，但对久历人世波澜，生命已达稳定状态的人来说，能相偎坐在海边，远眺点点渔帆，或在山间听空谷传响、看飞鸟遨游天际，便也能甘之如饴地过一生。多惬意、多圆满！

年轻时代，我们多半不满社会的成规。这种不满是不成熟的。如今圆满了，已然拥有美好、完满的世界观、人生观与生命观，然后你带着如此丰富的人生阅历，静静徜徉山水之中，真觉不虚此行。这样的人生，其实一点也不消极。

我们并不是稚嫩时期即遁隐山林的那种人。我们饱历各种风霜，人格已相当成熟，历练也绝对丰富，这时该是静下来的时候了，不宜继续留在台上与人争斗。

现在让生命回归原点！人，来这世间是干什么的？斗争、抹黑、伤害吗？不是！应该是要为社会创造，让自己享受生命。所以说，下台是人生成熟的指标，是另一个新生的开始，生命也因此得以重新定位。

当年上台之时，我们夹杂着众多社会意识，一切的准备、训练和历练，皆为了适应社会的需求，盼望自己能顺利走过。而今不管成功也好，失败也罢，人生进入成熟的巅峰期，就该重新摆开。这个“重新来过”，是过自己所想要过的人生，不再迁就社会的需要。

我们来到这世间，所为何来？既已拥有一切，就该走出自己的道路。这时夫妻若双全，当然最幸福，假如只剩下你一个，也不妨碍什么。下台以后的人生真美！你若不愿在此时享受成熟的生命质感，套句一般人常用的话，也没什么剩余价值了。人生至此，正值最成熟、最巅峰之际，怎可谓“剩余价值”呢？我从不用“老”字来形容，为什么？因为此刻是人生已臻登峰造极之境，必须做一番事以展现人性尊严，否则就真如一般人所言，已经没什么剩余价值，只能沦为敬老院中颓废的一分子了。

我们堂堂正正下台以后，才能把那丰富美好的人生经验分享给后代，这绝非剩余价值，而是人生的精华。但是若不甘于风光引退，而弄得狼狈下台，那就真的属于“剩余价值”的一群了。你就只能茶余饭后，当说说故事给人听罢了，你的经验没有传承。反之，你掌握了下台的艺术，往后还有几十年，人生经验传承给了下一代，人生也将会非常完美。

祝福各位在下台后有美好的生命余晖！

第十二讲

老病以及生命的尊严

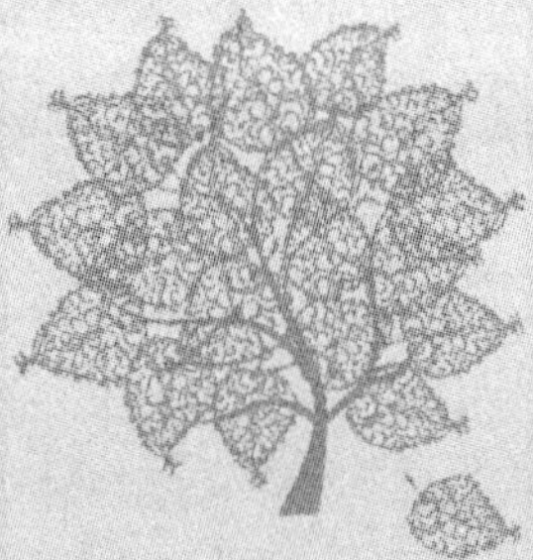

很多人怕老，一谈到老，就联想到老弱病残的样子。老，真的那么可怕吗？老，其实不可怕，也不是负担。为什么我们这么怕老呢？这是思维模式的一种偏差所致。

佛教里有个众所周知的至理，叫做“无常”，一切万法都离不开无常，所有的一切一切都属无常，永恒不变的只有一个例外，那就是无常。有什么东西可以躲得过无常吗？很多人都对无常的认识有所偏差，尤其佛教徒看到别人很健康，就提醒人家要留意无常。人家正值青春美丽的年华，他却说无常。人家夫妻俩恩恩爱爱，他却说：“夫妻本是同林鸟，无常临头各自飞。”无常，让大家蒙上了一层阴影。它不时出没，健康、年轻、美丽，甚至富有、尊贵……没有一个躲得过，可是你更应该知道，病也是无常；唯有无常，才会使你的病很快好起来。

你不幸的时候会想到无常，但你若懂得把“不幸”放在无常上看，很快地，你会感到幸福。由于无常，太阳落了会再升起，失败者有东山再起之机，我们也得以由穷转富，由落后变进步；因为无常，所以能创造经济奇迹……无常的存在，让我们感到无穷的生命力，感受到世界真美丽！受挫者、穷人、落后者，因为无常才有翻身的机会。你看！以往一般人对无常的认知有多偏差。

同样的，对“老”的认知也一样。老、病相随没有错，然而老人却处于生命的巅峰，为何我们一直将老当成生命的负担呢？这是对老的定义不解之故。人何时开始老化呢？老，其实是成熟之意。你发现自己成熟了，也是老的时候了。所以老并不可怕，是值得庆祝与恭喜的事。故言：“家有一老，如有一宝。”老，我们为何要怕它呢？

当你开始思考退休以后要做什么时，表示你这个人已经成熟了。也就是说，你已经老了。这并不表示你没用了，而是生命真正迈向成熟的阶段。你愈觉得自己老，表示生命愈臻顶峰。可是呢，很少人有这种正确的心态。一说到老，就把它和中风、糖尿病、痴呆症等联想在一块儿。这种联想实属人生的不幸。人老之所以伴随很多病症，其实是因为年轻时欠缺保养和调理，对身体缺乏责任感所致。这一点，我们必须加以正视。

我们看到很多老年人健康自在地上山下海，这不是很有意义吗？他可以将自己一辈子的经历转化为年轻人的生命借鉴，让年轻人免于无谓的摸索和错误。这样看来，老年人不正是年轻人减轻成本负担的最佳捷径吗？为何不好好利用，反而把老人看得那么可怕呢？

我们只论“经济奇迹”，却未留意年轻时一天的工作量是多少？每天忙到只吃一餐，空闲下来就暴饮暴食，即使有病都没时间看医生，如此任劳任怨，累积财富，只为了提供给子女最佳环境，却也因此牺牲了健康，所以一旦老了，也变成一只病虫。这时，为人子孙者若无法体谅当年他所付出的代价，那么奋斗换来今天的病，岂不是太不值得了？

老人们也曾年轻过，但他们只知整日加班，并未好好享受。很多人下了班还去开计程车，目的只为了领双薪，为什么？好多家庭把客厅当成工厂，一家大小都投入工作，为什么？他们不辞辛劳地付出，却不懂得保养身体，如今老了，百病丛生，却被当成“老即是病”。他们以往辛苦付出，为生存挣扎所散发的那份光和热，你看到了吗？

他们的牺牲为我们带来今日的幸福，我们认为理所当然，社会也几乎漠视了他们应有的地位，毫不深加体会。他们不仅悲哀，根本就是白白奋斗了。而我们，是否该对他们致上最高的敬意呢？

病，并非老人的专利，小孩子、青年人也会病。每个人都应该注意保养身体，这比保养美丽来得重要。然而年轻人保养身体却很重外在，香水满天下，有几个真的注意到自己的健康呢？今天跟着流行走的时候，有很多人被健康的广告所陷害，他没有真的照顾自己的健康。这是致病的原因，因为你的心理已经先病了。

要想免除病苦①的袭击，最重要的前提是内心要健康，这是最重要的免疫力。没有健康的心理，免疫能力一定非常低。虽然生理上的免疫力尚足，但心理的脆弱会让你一而再、再而三地生病，却查不出病因。所以在此提醒“老年人”，尤其当你开始思考退休以后要过什么生活时，心理的健康远比身体健康来得更重要。

---

① 病苦：人间四苦之一。四苦即：生苦，也就是从宿于母胎至出胎所受诸种苦。老苦，衰变为老，老时有苦，即身、心趋于坏损之苦。病苦，四大增损为病，病时有苦，即四大不调而引致身、心之苦。死苦，五蕴坏离或寿命尽时为死，死时有苦，如遭受疾病、水火等灾厄而中夭之苦，皆为死苦。此四苦加上爱别离、怨憎会、求不得、五阴盛，则称八苦。

心理健全与否，是衡量一个人生理健康或老不老的一个指标。一个人心理若不健全，不管他有多年轻，就是老坏了。心理健康者，即使生理有病痛，也不至于构成重大障碍，只是生活过程中不免有些挫折而已。

老人是很可爱的，他走过了人生，走过一段我们不曾走过的路，他倾诉人生岁月的点点滴滴，告诉我们他如何克服挫折与困难，提醒我们如何面对类似的处境。因此，老人是我们生命的光辉。其光辉在哪里呢？年轻人或许还无法洞悉。你所奋斗的事业、所拥有的财富或权力，都是你现有的路，你能证明自己永远是对的吗？目前你志得意满，踌躇满志，可是一个变化，你可能改变一切。当你走过这一切，臻于成熟，你从另外一个角度回头审视年轻岁月，你就会幡然明白，哪些是真的对了，哪些弄错了，由此才能真正看到生命与人生的价值和意义。

年轻时，前途任由自己设定，无由验证，一旦你成了老人，再回头检视："以往走的路到底怎样？"这就好比下棋，两军对阵，你选取的策略赢了比赛，就当时而言绝对正确，可是再经一段时间，你回头审视棋局时，会说："赢得很惊险。是因为他的疏忽，不是我的高明。"这时你捏了把冷汗，发现当时的成功原来是侥幸。

记得吗？周瑜为何要感慨："既生瑜，何生亮？"老天啊！你既然生了我周瑜，为什么还要再生一个诸葛亮呢？因为他遇到了诸葛亮，所以抱憾以终。想想看，有多少人如此呢？你以为现在的成就是可能只是因为你没碰到诸葛亮而已。一个人，若能如此反省，不管过去是成是败，都可以付诸谈笑中了，那便是真正的"老人"——

一个成熟的生命。

能检讨自己成败的原因在哪里？是由于实力，还是侥幸？是遇到了诸葛亮而败呢，还是由于自己的疏忽所造成的？如此经过岁月的磨洗，你的生命经验定然足以传衍给下一代，你成了不折不扣的老人，但跟“病”毫无关联。

老人，让我们感受到生命的尊严，因为他处于生命的巅峰。我们不能没有这一层认识。

一直把“老”与“病”联结在一起，认为老了就没什么剩余价值，这是悲哀的人生。我们以健康的心态面对自己的生活、面对社会，如果有病，由于自己已经很成熟了，所以也足以独立自强，料理一切病苦，而不需要依赖家小。这时，生命的庄严便充分展现出来。

不知各位是否留意，不管年纪长幼，很多病人躺在床上都成了最有特权的人。尤其人家来照顾他或探病的时候，他会显出特别病弱的样子。几乎没有一个病人会坚强地说：“不必来看我，凡事我自己可以料理。”能这般处置者，绝对是个成熟的人，是个标准的老人！

老人，绝非依赖者；老人，亦非别人生命中的包袱。老人处于生命真正的巅峰境界——各位能否以这样的态度，来面对人生的最后阶段？

谈到老人与生命的尊严，确实需要我们每个人去深深省思。有一个故事讲所谓的弃老国。以前有个小国，事实上只是个村落。国人认为老人没用，无生产力，尤其老病人只会吃不会做，家里的年轻人就把他们背到山上或森林里，任其自生自灭，此谓之“弃老”，所以这个国家也被称为“弃老国”。

于今看来，这是个野蛮的民族。今日社会，是否也有同样野蛮的情况？在这个文明的时代，其实只是被改了个名称罢了，不是背到森林里丢掉，而是用车子载到“养老院”。送进去以后，体贴的子女每个月汇几个钱过去，其他没了。不去探望，都编理由说很忙，景气不好、事业难做，没有时间等，这还不够野蛮吗？有些年轻人婚前更是约法三章：“我不孝敬你的父母，你也不必孝敬我的父母，等他们老了，我们各自出钱，把他们通通送进养老院。”这是文明的社会所应有的吗？这根本是野蛮民族所为，差别只在于用不一样的方法弃养而已。文明社会有这种问题，你不觉得可悲吗？

这是我们生命尊严最后的归宿吗？我们必须面对这个问题，因为人人都会遇到。我们对待老人，必须人性化，必须有生命的尊严。对此，我们必须分两部分来谈。

一是生命的个体与生命的整体。我的意思是说，我们每个人都必须从个别的生命开始尊重起，然后扩及社会，最后才可能热爱人类整体的生命。假如你对自己的生命不尊重、不珍惜的话，别人老了，你当然也不可能去珍惜他。整个社会如果都养成这种麻木不仁的野蛮观念，我们的老人谁来照顾呢？

谁来照顾我们的老人？我们必须从个体的生命扩及整体的生命，来正视这个问题。当社会中的每一个分子，对自己、对家人的生命都能善尽照顾之责时，我们的老人自然会有人尊重。然而时下有的人对待老人很苛刻。老人没有办法挑自己爱吃的，人家配给他的，即便他不喜欢，也不能不吃；穿的是制服，通通一样；住的房间想要凉快一点，可以吗？空调如果统一不开，怎么办？把你推出去晒太阳，就放在那里，晒焦了谁管，时间到了再收进来；是把你当人呢，还是当成了衣物？

当然，并非每个养老院、每个医护人员都如此，但是，我们毕竟是把一个处在巅峰状态的生命，变成一个没用的老古董，看成一个物体而非一个生命了。这样的老人尊严何在？生命荣耀何在？各位想想，你希望自己奋斗一生，最后落得这种下场吗？

我们生来这世间，所有努力奋斗的目标何在？年轻时为生存而拼命，总希望老了以后，能够有个安身立命之所。然而很不幸的，却被送到养老院，如此了却残生，将生命给物化了，晴天时就像晒棉被一样，被推出来晒一晒再收进去，下雨时，个个望着窗外，算算下几滴雨……生命的最后是这个样子吗？好多人提倡临终关怀，我想，老人关怀可能更重要。

切莫把老人当成物品来处理。如果我们本身不能礼遇老人，将其当成社会的残余价值而任意摆布的话，对我们来说，实在是相当悲哀。

老人，让我们反省与体会到个体尊严和整体尊严。我们常听老人家们感叹：“世风日下，人心不古。现代年轻人，不懂得恭敬尊重……”可见老人家对青少年存在着什么样的观感。当老人家如此慨叹之时，能有几位年轻人真正去感受、去反省呢？

尽管时代不同了，穿的服装、住的房子、吃的东西、看的电影样样迥异，但人性从古至今，却都是一样的。年轻人只顾眼前，可能不知道老人是如何做决定的。老人也曾拥有过年轻岁月啊，在他年轻时，做决定考虑得比较周道，他会想到以后怎么办。今日青少年做事、决策，往往只顾眼前，不管往后，反正以后有事再编个理由应付过去就好。

其实，今天一些五十岁左右的人，也不乏此种毛病。他现在必须讲什么就讲什么，完全不顾及以后。你会发现，他言行前后不一。你指责他说谎，他辩驳没有，还强调时局不同。这就叫做势利、功利。如果社会都这样，大家还有前途吗？

为什么会这样呢？生命都变成了片断，无法串联，可能你觉得好办事，但我告诉你，你身处此种状况，内心会很恐慌，毫无安全感。尽管你可能拥有很大的权力，赚很多的钱，内心依然空虚、恐惧。你坚称没有说谎，没做坏事，可是你的人格已破碎，心灵千疮百孔，人性扭曲不堪。

年轻人的势利、短视，造成内心破碎，令老年人感叹："哎呀！年轻人怎么都这样？"我们从未深入探讨，问题出在哪里？老年人感慨些什么？

从整体生命的角度来检讨，我们应该可以看得很清楚，一些青少年的心灵已经破碎了。很多年轻人闹自杀，是因为心灵被撕碎了。如果社会整体的生命尊严产生了病变，连带的也影响到个体生命的尊严，会导致个人心理结构性的病变。

人的心理原本存在着一定的价值观，但如果消失了，唯存趋利心而已，你甚至难以体会成功以后要做什么，因为空虚与恐惧犹在。这种情况下，你唯有一再地奋斗、挣扎，以填补那份空虚与冷漠。

现在的老人，以往还年轻的时候，为了创造财富，牺牲了健康，换来了今日的病痛。而今日的年轻人，因为空虚与恐惧，所以也一再奋斗，但我们几乎可断言，他无法创造奇迹，只会创造出心理病变。当今年轻人心理上的不健康，会远大于生理上的不健康。换言之，人情、人事与生命的老化，将远大于生理上的老化。

原本即使到了七八十岁，生理上虽然很老化，但仍能保有健康，但若心灵率先老化，那可能三四十岁就已经变成七八十岁的生理机能了。现代年轻人为何大不如昔呢？原因在此。

我们从这个角度来看，应该认识得更清楚了。年轻之际，就应该为成熟做准备，不要只顾眼前利益，而漠视未来的愿景。假如你无法想象未来的景况，那当然只能陷于逐利竞争而已。

今天的老人如果有机会让人生重来，相信他也不会如当年那样，为了赚钱而拼命努力。同样的，年轻朋友们，如果你站在现今老人的角度来审视，假使人生重来，我想，你也不至于这般功利与势利了。你不想将来后悔的话，现在就应有所准备。你必须思考：如何超越目前的人生，才可能拥有健康的心理状态，以建构未来的美丽远景。

老年人经常在观察青少年，其实他们也经常缅怀青春，回想自己当年如何约会、如何追求心爱的情人……想想看，他们在人生舞台上是怎么努力过来的？他们在事业舞台上又是如何奋斗过来的？现在呢，他们也正在运用自己的人生经验假想：如果人生可以重来，那要如何重新迈开步伐。那么，亲爱的年轻朋友们，你何不从他的生命经验里吸取养分呢？你不必重蹈失败人生的覆辙，再去经历错误的部分，这样子，你将更容易趋近完美、亮丽而崭新的人生。

第十三讲

人生最后一站

死亡这件事，是每个人都必须面对的。有些人很忌讳谈这个，所以我换成“人生最后的一站”,名字缓和一些,免得太过刺激。不过，这个问题终究无法避而不谈。

我们出生时，妈妈就给我们一张保证书，保证你一定会死。虽然上帝的独生子曾在橄榄山上救活一个死去的孩子，然而今天这个孩子仍在吗？如果健在，他应该两千岁了，可是他仍难逃一死。所以，人必须面对死亡，只是在那一刻，你是走得很潇洒，还是很痛苦？

一个人若是人生舞台不曾有什么空白，最后要走时定然很潇洒。假如你没有人生舞台，只有事业舞台，那么面临最后一站，定然感到遗憾。各位要留意，传统中国人都希望能平静地，在家人簇拥下到该去的地方。最后这一站会痛苦的人，绝对是在生之年走错了人生道路。

提醒诸位，这一站要走得好，前半段就得正确地把握人生。记得！是人生舞台，而非事业舞台。如果你事业成就非凡，人生舞台却是一片空白的话，最后这一站铁定会痛苦！

所以，我们宁可事业减收一半，把另一半留给人生舞台，跟家人建立起平和的家庭，建立起个人的文化，让生命再生。这是相当重要的抉择与领悟。能有这样的明智抉择，是为智慧，这叫人生的觉悟①。它能让我们悬崖勒马，拥有绝对完美的新生。那样的新生活，是人生真正的开始，是否真有那个机会，端看自己了。

这个机会，其实人人都有。家里的父母亲走了，或者老祖母、老祖父走了，当你面临这些人生终点站时，你就应该有所觉醒，要让人生重新来过，但是我们却一而再、再而三地忽略、放过。大家通常把这种事完全交给殡仪馆去办，反正花钱就解决了，你还有什么好在意的呢？在功利主义之下，把这件事发包出去就好了。你丧失了一次新生觉醒的机会，损失可大了。

每个人都必须面对这个问题，看看我们对家人的最后一程要如何处理？乃至于自己到达终点站时，要如何面对？这班人生列车最后要如何出站？你如果不懂得处理，到时候一定心慌意乱。慌张之余，恐惧降临，遂而造成你的堕落。本想潇洒走完人生，但最后一刻却把自己绊倒了，那不是出洋相吗？怎么会是潇洒离开呢？平常的潇洒都是假的啦！最后这一站能毫无挂碍地走，才是真正的潇洒。

各位，你看着家人一个个走了，怎么去面对？他生前的最后一刻，你怎么关怀他呢？想象一下，他临走时，你对生命会有什么感觉呢？你热爱生命吗？你珍惜生命吗？你怎么看待一个生命呢？

一般人在世间只重视七情六欲的享受，那不是真正重视生命。现在，这个人今后就从我们生活里消失了，你再也见不到他了，此际，你对其生命的存在所看到、所认知到的是什么呢？你有没有留意这

① 觉悟：觉醒了悟之意。即体得真理、开发真智。据《楞伽阿跋多罗宝经》卷二载，觉悟乃是空，无生无二，离自性之相。而且觉悟有自了悟与从他而觉醒之别，其觉悟之程度亦有深浅不同。

一点？能留意这一点，才是有智慧的启蒙；若则，则智慧很难开发出来。

提醒各位从这里入手，认识自己，也认识生命，最后你才有能力面对人生的终点。家人的最后一站要怎样给予关怀，这是生命的关怀，不是他要走了，才虚情假意地表示一番，好让他在最后时刻放心。果真如此，你也未免太功利了。

平常我们所认识到的生命都是活泼蹦跳的，大概眼目所及，皆是满足欲望的部分，现在你必须很严肃地面对它——这个生命行将消逝，虽然色身尚在，但已不能与你感应了。这时你所看到的生命是什么？这是个很大的警醒。如果你连此刻都得不到任何警策或醒悟的话，根本就无善根①可言。

此时，你应该可以感受到生命如何和天地宇宙的变化相呼应。人生的大彻大悟，绝对是属于生命的，只因我们对生命的认识未能透彻，因此无由感受。想了解人生、洞彻人生，那么你对生命一定有绝对性的认知。

人生最后这一刻，让我们很难得地直接面对生命的本质。要走的人有两种情况，一种是不安、痛苦、放不下，这类烦恼与刺激，看在家人朋友的眼中，会有一种不舍。由此可知，他个人的一生多半活在事业的舞台里，而无真实的人生舞台。

另外一种人，他很安详，甚至还会安慰周围的人："人生难免一死，

① 善根：又作善本、德本，即产生诸善法之根本。无贪、无瞋、无痴三者为善根之体，合称为三善根；三不善根则指贪、瞋、痴等，或称三毒。又善法为得善果之根本，所以也可称为善根。

我已经了无遗憾了，该走就走了，大家好自为之，我没事的，我去该去的地方，那里很美。”面对这种人，我们知道，他的一生没有白过，他很踏实地走在人生的舞台上。他或许没有做叱咤风云的大事业，但是他很踏实，不空虚。既不空虚，也就无所恐惧，没有恐惧，面对死亡时，就会非常潇洒。

我们就从这里来品悟生命是什么。我常奉劝诸位，要过真实的人生，而不要过虚幻的人生。事实上，大抵凡夫多半都在虚幻的人生里挣扎。何谓虚幻的人生？这不是很容易诠释的名词。简单地说，当一个人终其一生都在挣扎着求生存时，那便是虚幻的人生。

因此，当我们看到家人或朋友，走完最后一站，即应有所感悟，这时你也会发现，自己对那些临终者的关怀，是出自本心，毫不虚伪做作或应酬以对的。

要知道，关怀老人所必须付出的时间和心力相当长，他有苦难病痛，却不见得马上死亡，有时往往一拖十几、二十年，这时候，关怀就显得特别重要。但有些人体会不到，所谓久病无孝子，你病久了，人家都怕了。所以能诚恳面对生命，关怀老人，你会发现收获良多。

照顾老人和病人能使你对人生有所体悟，对生命有所觉醒。而不是因为不照顾父母，怕亲戚朋友说闲话。基于对生命的热爱，我们关怀生命，为了使大家能够拥有足够的尊严，为了让家人和我们自己的生命拥有同样的尊严，所以我必须面对生命，诚挚关怀每一个人。这是发自内心的一项自然行动，绝不是要做给人家看的。

如不能体会这一点，那所有关怀不过都是虚情假意。你对老人愈照顾，就愈像是要等着得到他的财产；你对临终者愈体贴，就愈像是为了要获得他死后的庇荫或保佑。这不是关怀，而是一种功利的交换，毫无意义。

提醒自己，看到人生的最后一站，便应珍惜生命、关怀生命、热爱生命！

人生临近最后这一站时，所面临的抉择其实非常清楚。你若未到此地，根本不知道。所以为什么我们要跟各位说，你这一生最后的总结，就在弥留状态当中。所谓弥留，即是神智逐渐模糊，色身的生理机能还在，但脑筋已经不清楚了。

人生还是多留一些时间与生命空间给家庭吧！在人生的舞台上多多发挥，而不要汲汲钻营于事业的舞台。照顾到另一半、子女、父母、兄弟姊妹等家人，甚至及于周遭每位朋友，这时很重要的是，你的生命已开始成长、茁壮。你绝不会局限在事业舞台上，受制于理性的生命而丧失了感性的生命。

唯有紧守人生舞台，真实的感性生命才会生长。一旦真实的感性生命获得成长，人生舞台便会愈为丰硕，而不至于过一个虚幻、空洞的人生。压抑着感性，而徒具理性，只会让你成为冷冰冰的人。你冷静异常、理性之极，现代人称之为"酷"。酷的人毫无热情，难以热爱生命。感性不是酷，而是一种热。你不热起来，生命便是冰冻的，所以临终时，你会恐惧。你若拥有宽阔的人生舞台，它会滋养你的感性生命，让你在临终时一样充满着生命感和生命力。虽然行将就木，却依然那么潇洒自在。

缺乏生命力的人，只有理性而无感性的人，唯剩事业而无人生的人，到了一生总结的那一刻，将何往焉？那再清楚不过了。你绝对隐瞒不得！这一生中戴着很多面具，伪装、虚矫、掩饰，人家可能找不到缺点，可是当此之际，你绝对无所遁形。你有再多的钱财，都难以驱除内心的空虚与恐惧。平常你可能借着买珠宝、古董、字画、艺术品等等来充门面，让人觉得你除了事业之外，还很有涵养。然而事业终属虚幻，内涵则是伪装，而临终时你必须面对自己，喃喃自语之际，完全暴露了你的恐惧。谁关怀你？

想想看，一辈子争权夺利、揽财握权，最后两手一摊，得到了什么？权势、财富于你何加哉？跟你何干呢？顶多墓碑上留几句赞叹之语，但你一生的恐惧与无奈，最后无人能帮你排遣。

各位，最后这一站要让它丰富而有尊严，绝对无法轻易应付过去，否则生命就太草率了。最后这一站，必须正视它，面对它，它是我们一生的总结，你最后一刻还发现有负债要处理，那已经来不及了，所以事前就必须做好准备，不是死到临头，才要亡羊补牢。

对于死亡要如何面对的问题，其实我们平常就应留意。濒死才要处理，会来不及反应的。那要怎么办呢？平常随时回顾自己的一生、反省过往，借此预作调理，而不要等濒死之际才想匆忙补救，那时候的惶恐会让你把漏洞捅得更大。

各位想想，我们通常都做理性的思考，然而生命却有非理性的部分，不！说得更实在一些，生命既是理性的，也是感性的。这两种形容其实难以曲尽其意，但勉强说来，用理性不对，用感性，或许还比较贴近生命的实相。

现在，你是用理性去推想死亡之际该如何处理，这很难的。你平常积聚那么多财富，完全是用理性的思考方式，你当然懂得一直安排到老、安排到濒死之际，可是一旦真正面对死亡，生命会对自己的一生做个总结，这时候你所需要的是源自生命的那种处置，然而你的生命品质、格调、气质那么低，而理性部分却已经如此昂扬高张，这时你怎么调得过来呢？万一慌张，怎么办？

我们平常就应该努力培养自己的生命质感，生命质感非常重要。记得啊！是“生命品质”的水平，而非吃得好、穿得漂亮、用得棒的那种生活水平。所谓生命质感，是与人相处的那份敦厚、包容；你接纳别人的气度；你提携晚辈、栽培后进、尊重老者的那份诚恳；关怀生命、热爱人性、珍惜世界的一切存在……凡此种种，你具不具备？否则，怎么提升生命质感呢？如何潇洒离去呢？

应当记得，当我们离去时，地球依旧旋转，太阳明天照样升起来，千万别对未来悲观！

下篇

撒娇人生

撒娇其实是

一种欲望的表达。

拉关系、走后门、巴结上司，

甚至整个社会诉求着

某种共同的意识状态，

也都是一种撒娇。

第一讲

叛逆现象

叛逆是个非常刺耳的名词，可是我们必须正视它的存在。叛逆不是大恶不赦或大逆不道的事，它是一种生命存在的自然现象。

我们通常赋予“叛逆”一种罪恶感、不道德或定义为违反大众的标准。这个名词创立之初，其定义具有一种权威性，可是我们今天应该放宽尺度来重新思考。

叛逆，我们是如何看待的？这不宜单单从字面来审定，应该要用事实来检验。就生命旅程而言，有些人在妈妈肚子里就已经开始叛逆了，但这往往没有人会去留意。传统佛教有一种所谓“胎里素”，也就是孩子还在娘胎时，妈妈只能吃素，一吃到荤就会呕吐。等孩子出世以后，妈妈便又恢复荤腥不忌的生活，而孩子却无法吃荤，这叫“胎里素”。他在妈妈肚子里就已经展开叛逆的行为，这种现象似乎没有人去研究。孩子在肚子里怎么叛逆呢？事实摆在眼前。我们该如何看待这种事情呢？

我们发现，孩子的叛逆，最后的承受者是父母。从胎里素方面来看，他只是跟母亲相处而已，他的叛逆便得由妈妈来完全承受。他出生后不吃牛奶，只吃母奶，他的嘴老是把奶瓶的奶嘴给吐出来，这么小的一个孩子已经开始叛逆了，但你没发觉。

我们牵着他、抱着他走路，到了某个年龄之后，他不让你抱了，他把你的手甩开，要自己下来走，他想自己活动。不仅如此，他再大一点时会跟朋友去玩，而不想跟随父母出出入入。再大一点，连你买的衣服他也不要了。这些都是一种叛逆，然而刚开始我们通常还不会用“叛逆”这个名词，顶多说：“他长大了，懂事了，想自己独立了。”他愈来愈“离脚手”，不愿跟你纠缠。这个阶段，父母亲通常还乐观其成。

然而，孩子逐渐进入了另一个层面。他不仅寻求个体生活的独立，还进一步要求思想的独立。因此，他不愿再遵从爸爸妈妈的思想意识，不受父母亲意见的左右。一旦其思想开始独立，你就难以接受了。你开始称之为“叛逆”，指责他忤逆犯上。他在行为上、语言上都倾向于自主，他的身、语、意三业①都开始独立，做父母的便感到很震撼。

以往的孩子叛逆有限，因为在信息尚不发达、教育不甚普及的古老年代里，子女一切知识的来源多半是父母或师长，这一点一滴的教育非常重要，所以他对父母师长不得不感恩，相对地，叛逆的机会也不大。人的意见愈多就愈容易叛逆，除非思想真的很成熟。古早时代，知识来源不丰，只是有一些新奇的观念或特立独行的作风而已，我们通常也不至于视为大逆不道。

自从教育普及以后，亲子间在知性上产生了落差。孩子从学校或其他渠道所得来的知识，已经超越父母太多太多了，这时父母亲

① 身、语、意三业：业为造作之义，指行为、所作、行动、作用、意志等身心活动，或单由意志所引发的身心生活，亦指由过去行为延续下来所形成之力量。一般而言，业分身、语、意等三种，且有善有恶。小乘认为：内心欲行某事之意志称为意业，以身体之行动与言语表现其意志者为身业、语业（口业），亦即意业属于心法（意志），而身、语业属于色法（物质）。大乘佛教则主张所有诸业尽属于心之活动。

开始感受到孩子叛逆的状况。这孩子更广从同学、报纸或电视上获取知识，这样连学校的老师也感受到了他的叛逆。网络信息普及化后，此一现象尤烈。你要新一代的年轻人从知识上来对父母师长心生感恩，已经了不得，这是个严重的情况。我们认为，这样指称孩子叛逆，定义太过权威主义了。其实应该说，是父母师长跟不上时代环境的剧烈变化，因而产生一种冲突。

你一直认为孩子的主见、主张与立场应该服从于父母师长，当然觉得他们大逆不道了。这个时代，孩子所获得的信息，远远超过父母师长所能给予的，他早已培养出自己的想法，倾向于独立判断。尽管他的思想绝大部分受流行现象的左右而显得很肤浅，但至少是他自己取得的信息，那是他生活的全部，我们不能轻易冠以“叛逆”而横加指责。我们应正视其存在，然后重新检视：如何指导青少年首先认识自己所属的环境，然后拥有那份感恩的心。

孩子不遵守社会规则和旧有的道德律，不遵从父母的意见或师长的教导，这就叫叛逆？事实上，孩子的独立思考及勇于作决定的精神，是值得赞扬的，但大部分的人对青少年新潮的果断行径，常抱持着非议的态度，孩子们多无辜啊！

我们必须洞见叛逆实质性的存在，而不要以传统的本位主义和权威主义加以看待。只因为年轻人所作的决定不称我意，不符合我们的判断，便指其为叛逆，那是不公平的。我们如何建立起一个正确、合理的渠道，让新、旧两代人之间有良好的沟通和协商机制，才是重点。

叛逆，是人性的一种表现——它要给你硬的好看，而不是给你软的好看，看你怎样！如此而已。人，成长于各种不同的文化环境，当然就有杂花纷呈的意见及形态各异的思想与主张。人类在漫漫的历史长河中演进、发展，慢慢地懂得尊重别人、尊重思想言论的自由；个人到达某个成熟阶段，皆有表达意见的能力与行为自主，你把这些视为叛逆，岂不是开历史的倒车？这种情况若存在于父母子女间，实属不幸。我们对外都在争取自由，如言论、思想、行为等等自由，为何至亲之间反而不容许这份自由的存在呢？

叛逆，应该说是生命成熟的一种表现，只不过这种表现与我们有异，如此而已。我们应该容许其存在，包容、接纳、欣赏，而不是排斥；忤逆是因为你自己不适应，而不是他的错。这个基本认知，非常重要。所以当对方给我硬的好看时，我们就该审思，为何无法容受其意见，不然他怎么会给我硬的好看呢？他有这番行径与思想，我该如何接纳与欣赏呢？尽管一时之间还无法接受，那也应该加以包容，这才是成熟者、生命品质高尚者所应有的风范。

我们的社会对“叛逆”的指责普遍存在，这就证明我们的社会尚停留在很幼稚的状态。这种指责，徒然暴露出指责的那一方之心灵年龄的幼稚。

我们以为只有青少年的叛逆才算正常，事实上，叛逆现象所存在的范围极广。最小的在娘胎里就开始叛逆，而最大的，甚至到死后才开始叛逆，这就不可思议啦，死后怎么叛逆呢？这属宗教的范畴，不懂三世因果的人，不了解其所以然。我们姑且不谈玄说妙，讲到那么远去，就从自己这一生来看，你知不知道有人到了中、老年以后才叛逆的？这种情况你感受得到吗？你说这叫老糊涂，或者说他哪里错了。其实，关键不在这里。这是生命成长过程中所表现出来的一种情况而已。

我们往往认为青少年的叛逆比较正常，因为此时人已经成熟了，他在观念上陈述己见，在行为上自主，在语言上则讲年轻族群懂的语言。这身、语、意三业所表达出来的叛逆，我们认为是正常的。但要留意，还有一种不叛逆的青少年，我称这些乖宝宝们，有个术语，叫“乖儿子（乖女儿）后遗症”或“乖儿子（乖女儿）症候群”。他们体贴、善解人意，功课优异又听话，了解父母、老师要的是什么……这些都是他们普遍的作风。他们很乖,所作所为无不符合大人的期望，然而他们却把自己的需要压抑了起来。

压着！年轻人结群成伙时，最后会像发疯一般狂飙，因为他必须把压抑的生命能量发泄出去。假如家教严格，不准他与同侪为伍，那他就永远压抑着。生命是非常伟大的！在这压抑过程中，他会去调适，会扭曲自己去适应环境，以符合乖宝宝的标准。你看他长得非常清秀，可是内心里头发生了什么变化，没有人知道。他的扭曲、他的压抑，到了某个程度会爆发出来。他十五六岁没有叛逆，那可能延至二三十岁或四五十岁才叛逆，甚至到了六七十岁以上才爆发。临老叛逆，岂不是将一世英名全毁了吗？

我们如果压抑着，生命就难以成长，尤其生活在家教极好、福报①很大的环境中。真是可怜！怎么说呢？因为被框限在既定的框架里，思想、信仰、思想意识等框架里，连结婚对象也必须门当户

① 福报：福乃富饶之义；报，即果报，造因而得之果。因为修行善业或做善事而获得世间、出世间幸福之结果或回报，称作福报。

对……到处都是框框，像天罗地网般，你无所遁逃。你的对象，你要读的科系全然无法自主，你一直在框框里打转。

就理性成长方面来说，当然可以迎合既定的标准。对象、科系、工作、穿着等等，样样皆须体面。想想看，这种福报毫无自由意志，有多痛苦？可是他所享受的东西一般人都追求不到，这又怎能说不幸福呢？然而，你探触不到他内心的空虚，他的无奈一直在滋长……

我们华严所讲的“生命教育”，重点就在这个地方。生命是需要成长的,可是却被社会、家庭的思想意识包袱所困。生命变成了什么？不是绿油油的青草，而是被压抑、扭曲在石头下面泛黄孱弱的小草。哪天石头被挖走，这个生命才得以重见阳光，真正舒展生命的面貌。而今那份无奈、愤懑,都被压着。我们身处的大环境就如大石头一般，它帮你挡住强风烈日，避免被羊儿、兔子吃掉，你的福报就在这里，看起来多幸福啊！各位，生命的存在就是这样矛盾，你看到了吗？

我们必须正视生命存在的价值与意义，否则人生在哪里？是否就像那被压抑的小草？不被风吹雨淋，没被羊儿马儿吃掉，是幸福，还是无奈呢？

叛逆的存在，是生命中非常重要的一个阶段，其关键在于生命的自我肯定。我们常觉得很多人好幸福，事实上从生命的成长来看，却是一种无奈，他无法挣脱，不能自由自在。很多思想家、宗教家都坠在这个坑 里，因为他们忙着制作社会规范让大家遵循，以便相安无事过日子。他忘了生命的存在是个体尽情地舒展，他忘了社会是个生命的大花园，在这当中，每个生命都峥嵘向上，奋力成长。

为了塑造出共同的模式，硬是将个体生命给忽略了，这是人类的不幸。社会的形成，是人类不同于其他动物的特质，这无可厚非。然而，人类本身是一个个生命个体，就像每一朵花都是独立的生命，你不能为求整齐划一而硬是将它们修剪成同一款式。每个花朵都应该尽情成长，但在与群体融和的过程中，属于个人的生命空间不免与之冲突，这时个人的生命往往都被牺牲了。

然而生命非常伟大，生命能量更是不可思议，你一再地将它压抑，到了某个时机，生命能量还是会爆发出来。那些体贴入微的孩子们，经过岁月的洗练，开始找寻生命的原貌。这样子活着对吗？早一点儿的话，他在二十七八岁叛逆，这时你或许看不大出来，因为他还年轻，他从事业或个人的嗜好上去寻求出路，你只看到年轻人的干劲、创意、勇敢，其实呀，这些都属叛逆。

他一路往上冲，如果福报不够，迭遇挫折，家庭问题就跟着来了。你说他不听老人言，所以吃亏在眼前。有些孩子勇气不足，所以不敢冲、不敢闯，唯有继续压抑，到了三十七八岁，他的子女们也长大了，他的子女们可能在十四五岁也开始叛逆，这时候他会告诫子女应该如何如何……可是他本身在四十岁后才叛逆，那才真的是麻烦。这类个案，屡见不鲜。步入中年后，他开始学抽烟、喝酒，呼朋引伴而来的尽是酒肉朋友，他的“乖儿子症候群”开始显现。

他的父母把事业传给他，他是成功的第二代，但这时候叛逆，你看有多危险，整个事业不都成为赌注？以往他没有尝试新经验，不知好坏轻重，现在要你放手让他尝试，风险又太大了，你不敢，所以只好让他压抑着。但他生命能量需要发泄，所以酗酒、打麻将、晚上在外鬼混，这时他的儿子会反过来教训爸爸。你看，中年叛逆的代价是什么？你能够想象颠倒着生活的那种煎熬吗？原本应该趋向成熟、稳定的中年生活，如今叛逆，整个家庭受得了吗？

假如这个乖宝宝症候群发生在女士身上，中年叛逆的妈妈，不守妇道的罪名背得起吗？如果她继续压抑，不敢走出自己的生命空间，一直依附依附……到了六七十岁以后，她的生命能量还是要寻求出口。

有个六十八岁的阿嬷，老伴已走，儿子们也都大了，都事业有成，于是她开始想要活出自己的青春和生命来。这时怎么办？她很想穿迷你裙，好啦，六十八岁的阿嬷穿着迷你裙，开着红色敞篷车，口袋多金，成天打网球、高尔夫，穿梭于俱乐部……想象一下，这时候她对家族的震撼力有多大？年轻的一辈会怎么想？这种个案，若只限于市井小民，或许只增添了茶余饭后的话题，但若是“将军”夫人、“部长”太太或什么夫人，大概就不得了了。一旦成为负面的社会新闻，整个社会价值观都给撕破了。

你怎么看待呢？为何非以叛逆的立场来看她呢？就生命成长的历程而言，她其实非常勇敢地作出自己的决定，走自己想走的路。可是，当她作这个伟大的决定时，家庭、社会所遭受的冲击有多大？这或许不是她本身所造成的，而是舆论推波助澜的结果。以平常心看，这种压抑几十年，现在勇敢走出来的状况，没伤害他人，她只是做自己喜欢的事，这样有罪吗？

各位想想，压抑对生命造成多大的扭曲，那庞大的生命能量需要发泄，如果再以思想意识加以框限，她一定躲躲藏藏、遮遮掩掩。

她无法冷静享受那种独立判断下的生命成长果实。这样的生命所付出的代价，那损失才大啊!

生命中这种硬给你好看的现象，虽名之为“叛逆”，其实却是生命的自我肯定。一个人作出自己的决定，却违反了周围人的意见，这种果决是很不容易的。

有些年轻人七八岁就开始跟父母吵，十四五岁很叛逆。这真的很勇敢，反观很多乖儿子乖女儿，他们很体贴，但却一直压抑、压抑、压抑……二三十岁通过事业来冲撞，中年以后则全然叛逆，家人对此无法适应，难以释怀，那时对生命造成的冲击才是莫大的伤害。

在生命教育这块园地里，我们的社会一直欠缺耕耘。有各类团体、协会对各种族群进行整合，以争取其权益。可是由于生命教育迟迟未能开展，中年叛逆者、被认为不守妇道者或者被视为头壳坏去的人……这些人都没有任何团体组织为其维护权益。他们本身并没做什么坏事，只是坚持在生命道途中走自己的路，但社会的歧视却加深了他们的罪恶感①。

诚恳呼吁，千万不要有那种罪恶感！勇敢走出人生道路，这种抉择是正确的，但过程中遭遇瓶颈、迭遇挫折；我们从未获得生命教育，却要为此背负罪恶感，这有多无辜啊！

各位，如果你有那种因缘、那种能力的话，应该带头组织，在

① 罪恶感：佛教主张人类的心性本来清净，而贪欲、憎恶、迷妄等会污染心性，古时称此三者为罪，含有应受责备、必须避开之意。“恶”则指破坏人伦秩序的一切品格、心意与行为，其性质包括违理背法、违损自他、与贪瞋等烦恼相应、妨害圣道等。人在不得已的情况下犯罪，被恶征服，面临破碎、死亡等危机的苦恼，感受到不能避免之罪，此种对罪恶之恐惧称为罪恶感。

生命教育的领域里好好耕耘，还给拥有生命能量者应有的尊严。抛弃莫须有的罪恶感吧！让我们深入探索生命存在与绽放花朵的喜悦，让它发光发热。

几千年来，人类的道德文明持续发展，科技更是日新月异，一日千里，而生命领域呢？却一再地被忽略。个人生命的发展，多半为群体运作而牺牲了。个别位高权重者，个人可以为所欲为，而众多的人只是舒展一下自己的生命能量，却被冠上莫须有的罪名。中、老年人们，当你想顺着自己的心意做自己要做的事时，怎么办呢？妥协、压抑，继续过空虚无奈的岁月？

多少伟大的文学作品都在歌咏着这些，难道你就这样将生命能量、生命精华给虚掷掉？让无谓的道德律，透过各种罪名来审判、污蔑你？

叛逆这个字眼，应该赋予一种全新的意义，否则不宜滥用。那是生命存在、成长的一种自然舒展。它，其实是怎么让生命绽放光辉与热能，怎么在生命的大花园里活得健康、真诚，既不用遮遮掩掩，也无须隐匿在无谓的道德框框下，因而得以让真实的生命、真诚的自己展现出来！

由于大家都以社会的标准来看，所以我谈的这些，对宗教界来讲真是大逆不道，或许连我自己现在也被扯入了叛逆的旋涡。生命，原本是不讲公式的，但我在这里还是要提一个公式、一个标准，因为这对于大众很适用：看看自己的生命空间如何跟社会族群的意识保持一个适当的平衡。

过去，你是让自己淹没在族群里？抑或自视清高地把社会遗弃，成为边缘人？很多勇敢的朋友宁可走到野外，过放逐式的生活，他不是没能力奋斗成功，他是不屑。这种情况我们也认为不宜。何苦呢？我们原本就可坐拥生命空间，同时又跟社会取得圆融，不必勉强、妥协，淹没其中。

生命教育缺了这一块！为了迎合社会和家庭，为了适者生存的律则，好多人抹杀了自我，被社会这块大石头压抑着，可是生命能量一直存在着呀！到了某个适当的时机，石头缺了缝，生命能量一样会爆发出来。如果处置不当，缺乏生命教育的训练，就会成为“叛逆”，被认为是不良示范或头壳坏去，因而在社会、家庭中激起一连串的涟漪。

这种情形，你若强自压抑下来，可能会用理性来诠释或处置，可是有些人到了老年，已经无法控制了，因而显现出老年的可悲，生命尊严丧失殆尽。

呼吁大家正视这个问题：我们应该拥有一个健全的生命教育机制。

第二讲

幸福指数

幸福，到底存不存在？什么叫做幸福？我想，人生在世，目标无非是追求幸福。而今有谁真正在追求幸福？谁在享受幸福？

你不见得不在追求幸福，但你所追求的其实都与幸福无关。我们的舆论界如果要报道，应该是去探索、挖掘何谓幸福？如何趋向幸福？它展现的是什么？这些才是人类奋斗的目的。

很多人一辈子汲汲营营，不知为谁辛苦为谁忙，如果真是为了幸福的话，根本就不必辛苦嘛！我们忙到身心交瘁，根本就无幸福可言了。

谈这个问题，各位应先有一种认知：幸福建立的前提是什么？它，建立在真实的人生里！如果你过的是虚幻、无奈的人生，无有幸福可言。

今天各家的餐厅很漂亮，东西很好吃，然而有几对夫妻或父子母女能在里面好好享受一顿？每到中午，学校、工厂附近的餐厅都像在吃战争饭一样，人人赶着把饭吃完。想想我们当年在学校吃战斗饭，吃完赶紧睡午觉，学校没有空间能让孩子们真正享受一顿餐饭。同学间好好交流，边吃边聊，无拘无束，即使是吃便当也不要紧啊！只要彼此能对坐畅谈，好好吃顿饭。如今大家排排坐，说好听的叫营养午餐，其实和集中营午餐没两样；吃得好、吃得营养、吃得卫生，都没问题，可是人性在哪里呢？

真正的幸福必须有真诚为之基础，人生无奈、空虚，哪会幸福？餐厅如此，家庭亦然。家里设备很好，一张弹簧床十几万，夫妻俩是怎么挑的？睡觉真的有那种享受吗？房间里有没有那份温馨？这个本质若不存在，跟旅馆有何不同？客厅沙发是怎么精挑细选的？钱花了，人有没有在那儿好好相互依偎过？有没有在沙发上天南地北聊天，分享人生的风浪与喜怒哀乐？幸福只停留在嘴巴上，还是已经兑现在生活中？幸福是每个月存折里进出的庞大数字吗？你可曾好好品尝过太太做的菜？夫妻俩上馆子吃饭，真正享受到了两情相依的喜悦，抑或只是钱花了就算了？

各位想想，我们的幸福在哪里？幸福指数有多高？真正拥有幸福的人是什么样的人呢？

社会上有很多人不知幸福是什么，只知夫唱妇随。我在龙潭这个客家小镇等车时，曾经看到一幕非常感人的景象。一位老先生戴着一顶不知什么帽子，嘴里叼着一根香烟，两手交叠在后一直往前走。后面尾随着一位妇人，应该是他太太吧！她一手拿着丝巾包袱，一手拎着雨伞。老先生绕过摩托车后面，她也跟着绕；老先生穿进走廊，她也跟进去；老先生出了走廊绕过小贩摊位，她也一样跟着绕。老先生只管吐着烟，他一停，太太也跟着刹车，老先生转头不知对她说了什么，老太太便也和他嘀嘀咕咕起来，然后两人又继续往前走……好美好美的一幕啊！你能感受到吗？

如今的年轻夫妻，穿着体面，打扮入时，不像这对老夫妻，什么时代了，还戴那种帽子，提那种包袱，夹着一把破伞？那天阳光好灿烂，夫妻俩亦步亦趋，迤逦在城乡小道间，夫唱妇随，想来已共度过一甲子以上。真是幸福啊！

看看我们，出门有轿车代步，进出五星级饭店，回家彼此冷漠以对，洗完澡就各自钻进被窝。第二天被闹钟吵醒，然后衣冠楚楚出门。这种人生叫幸福吗？忙碌了一辈子，真正享受到什么了？有些夫妻身上一套装扮的费用，大概抵得过那对老夫妻一辈子的置装费，可是他们的幸福在哪里？

人的一生，必须腾出足够的生活空间，不要一直为生存、得失而挣扎。幸福不是只有存在于夫妻间的温存，父子间、工作间都有幸福，你能体会到吗？当你独自一人时，仅仅是在树下品尝一碗卤肉饭，那份悠然自得的温馨，你感受到了吗？小贩铿锵有力的吆喝声，陪伴着你一口一口吃下去，这当中不是多少钱一碗的冷漠交易，而是存在于生命与生命间的一种互动，是素昧平生的朋友为我们烹煮的一份恩典，你感受得到吗？你在一口一口送进嘴里时，树叶伴随着阳光或雨水掉了下来，你能融入、享受吗？

幸福就在这当下！此情此景，你若还被时间、被业绩的压力所逼迫，那份幸福就化为乌有了。幸福，完全掌握在自己手里，即使只是匆忙之间，你感受得到吗？这芸芸众生①，在忙碌之中，能否及时把握那份享受呢？我看多半匆匆忙忙填饱肚子，碗筷一丢就走了，有谁真正享受呢？

---

① 众生：又译作有情、含识（即含有心识者）、含生、含情、含灵、群生、群萌、群类。“众生”一语，普通指迷界之有情，无男女尊卑上下，亦无异名，众共生于世，故称众生。一般以为无明烦恼所覆，流转生死者为众生。若广义言之，佛及菩萨亦含摄于众生之中。

朋友，随处都有幸福，随时都能享受，但你都忽略了。你被莫名其妙的思想意识或目标所驱策，活在这个社会就好比活在一个大集中营，到底谁逼得我们这样？为何要活在这样一个集中营里？为何不挪出一点时间，享受一下该有的幸福呢？

人生在世并不在于为谁辛苦为谁忙，我们随时都可以感受幸福。真的！有时看那些乞丐、流浪汉，也觉得他们悠游自在很幸福。他们虽然有一餐没一餐，但不被任何目的所驱策、逼迫，他们跟阳光、空气、水交融在一起，而我们呢？有多久没看到太阳了？多久不曾抬头看看蓝天？你在呼吸吗？既然没死，怎会没呼吸呢？可是空气长什么样子，你从未感受过。我们是富贵中的贫穷人，是幸福中的可怜人，不觉得遗憾吗？

一个追求不到幸福的人，固然无幸福可言，然而我们人人都是天之骄子，既幸运又幸福，虽然有一两个缺点，并非十全十美，但还有八九分的幸福可言，但我们往往被那一丁点儿的缺点所污染，因而享受不到幸福的存在。各位应该了解，生命存在的意义和价值，事实上有好大好大的幸福天地，可是我们都被那些无明[①]恐惧所驱使和逼迫，眼光只看到莫名其妙的目标和思想意识，丧失了自主的空间。如果幸福因此而消失，那我们又为何要来到这世间呢？这不是太遗憾了吗？

---

① 无明：为十二因缘之一，又作无明支，为烦恼的别称，不如实知见之意，即不通达真理与不能明白理解事相或道理之精神状态。亦即不达、不解、不了，而以愚痴为其自相，泛指无智、愚昧，特指不解佛教道理之世俗认识。解析十二缘起的无明支，无明为一切烦恼之根本，于诸烦恼中，以无明之作用最强，故总称宿世烦恼为无明。

我们应该如何唤起生命的良知，去感受幸福的存在？想想，最好的互动就来自于家人之间。所以我们提议，人人都应拥有本身的生命空间和家庭文化，与家人好好相处、互动。在这过程中，你会发现属于自己的天地，可以暂时与社会俗务隔绝。这是人存在于世间的一个最重要的基地。假如你能将这幸福的基地架设起来的话，它会成为你生命的一切根源。你的协调机智若相当好，那么家人间应该毫无隐私，可以彼此完全敞开的。

今天大部分的家庭处置得不够圆满，因此家庭成员的关系支离破碎，在这种情况下，彼此就应该拥有一点自己的隐私空间。这不是私人利害的问题，因为我们对外接触到不同的世界，思维便会不一样，所以应该保有自己独立的思维和感觉。这时候不必强求大家完全融合、一致，给个人留一点独立空间。譬如在信仰上，他选择的不管是佛教、基督教，我们都应该完全尊重；在政治上，不管他哪一党派，个人投个人的票，个人有个人的主张。

然而一旦家庭拥有本身的共识时，那便是生命舞台的所在了。没有这个生命舞台，那就还没办法享受到真正的幸福。我们知道，幸福存在有两个前提：第一，安全不受威胁，没有恐惧；第二，成员有积极、独立发挥的空间，他享有绝对安全的舒展空间。这是家庭存在的必要条件，也是幸福的泉源。我们可以在此感受到家人与家人间相处时的和谐与水乳交融之感，其间毫无秘密，可是彼此又拥有自己的独立空间，互不相妨，这就是幸福的条件。

现在我想要谈谈，幸福的动力在哪里？幸福的存在是毋庸置疑的，只是我们不曾用心享受、感受。常有人觉得自己和另一半合不来，所以不够幸福。其实，这并不是你跟他（她）合得来合不来的问题，而是你愿不愿意解决的问题。

你有没有发现，对于子女，你会很有耐心地去解决问题，因为子女通常没有已见，他们习惯依附在你的余荫下，同时也因为你有那份责任。然而换了你的另一半，你便常常把责任推到他（她）身上，而不认为自己也该负一半的责任。幸福的隐忧就在这里了！

我们每个人都有驱动幸福的力量，这个动力来自两部分：一个是你独处之时；一个是你与对方相处之时，这个对方包括你的太太、先生、父母、子女、兄弟、甚至朋友、上司等等。只要是与人相处，就是证明幸福存在不存在。换句话说，你有没有那种感受力，有，那便是幸福的动力。

而我们自己一人独处时，也就是面对事物，和物品相处时，是否也有那种感受能力？有些人对某些东西特别具有感受力，譬如种兰花让他忙得不亦乐乎，他就觉得很幸福；有些人有邮票可玩的时候，就觉得很幸福，这是因为他对邮票产生了感受力。感受力兑现在各种不同的对象上，古董、石头、玉、宝石、蜡烛、画作、艺术品、雕刻品等等，甚至有人搜集鸭子，因为他对鸭子有感受力。

人对各种事物有种种不同的感受力，当你对某物产生感受力时，你的人格也随之产生某些特质，这个特质有好有坏，而一旦过了头就通通不好。这是一种特质，如果你对身旁普遍存在的阳光、空气、水，都能产生这种与它相处的感受力，那当然是幸福了！

随时随地感受幸福的存在！吃饭、走路、睡觉，都应该有这份感受力。我们对事物既然都具有这种能力，那么对人、对动物更应该具有感受力。如果一个人光对物有感受力，而对人毫无感受力的话，那么此人的人格特质一定是趋向于病态。

我们与人相处，不管夫妻、父母、子女或兄弟间，如果缺乏这份感受力的话，那个幸福可能只有一半，甚至可能趋向病态。因此，与人相处变成非常重要的功课。你若能与人相处得很圆满，那还要留意，自己一人没事时，是耐得住耐不住？这是非常高明的智慧①啊！一个人宁静时，也要能够有一种温馨的满足感，我用的是“温馨的满足感”，那是真正的幸福。

我不敢要求大家都跟我们出家人一样，自己一人，什么都没有，万物万事皆空，这叫“若无闲事挂心头”。你知道那是什么吗？那是真自在、真幸福。用佛教术语来讲，这叫“智正觉世间”，自己的智慧，真正的觉悟，你可以完全独自一人悠游天地之间，不受任何拘束，那是大幸福。然而此一要求相当高，并非一般人所能及。

凡人都需要有个依赖，依赖于人群，否则他会产生恐惧，他一定要有人可以依赖，而且愈热闹他才愈有幸福的感觉。像中国这种民族，吃饭时闹哄哄吵翻天，要他安静不讲话简直是要他的命。吃饭一定要热闹，觥筹交错，杯盘狼藉，吆喝猜拳之声震天价响，这叫幸福吗？这叫吵吵闹闹过一生，但这也是中国人所谓的“洪福”。

---

① 智慧：一名般若，能破除一切众生无明之痴暗，彰显真理。智，明白一切事相，能够断定是非、正邪而有所取舍，后来转指断烦恼主因之精神作用。慧，了解一切事理，与戒、定二者合称“三学”，乃佛教之重要德目。依《俱舍论》，慧与任何种心皆有相连属之作用，为大地法之一；此外，慧与智为相对之通名，达于有为之智相称“智”，达于无为之空理则称“慧”，如对其作严密之区别，智乃包摄于慧之作用中，但一般多将智与慧视为同义，合称‘智慧’。

是没错，不过却是一种肤浅的幸福，因为曲终人散之后，生命能量也随之流失了。

有的人很宁静，他愿意与物相对，而不愿与人相处，这虽然也是一种幸福，但却不甚高明，这仍属世间的幸福。

一个人若能够自己真正独立，能够无依无靠、毫不依赖，却怡然自得地活得非常好，达到“智正觉世间”① 的领域，那不但是真幸福，而且是大幸福啊！这一点，我们知道，必须要有一种感受力，感受自己存在的那种殊胜，绝非依赖。这种是顶级的幸福。

那么次一级的呢？也要通过与人相处，去感受那种幸福。当然，吵吵闹闹的那种幸福，是不一样的。三五好友，宁静相聚，倾心而谈，是真幸福。再等而次之的，则是与物共处，能感受到那份幸福的存在。

不管怎样，我们发现，感受力是相当重要的。你若缺乏这方面的感受能力，那我们欢迎你常到大华严寺来，和大家共同接受这种训练，你将会是幸福的天之骄子。

我们谈了这么多有关幸福的条件、背景、动力等等，那么现在再来看看，最起码的，要怎样享受幸福？幸福在哪里？对一般大众而言，这是非常大的一个疑问。

要了解，幸福是无所不在的。然而，为什么我们感受不到、看不到呢？那是因为你的心不在幸福里，你的心跑到幸福外面去找幸福，当然找不到了。你应该从哪里来感受这份恩典、感受大地所赐

① 智正觉世间：又作知正觉世间，乃华严宗所立三种世间之一，乃相对于如来所化之境（器世间）及所化之机（众生世间），而称释迦如来能化之智身为知正觉世间。因如来具大智慧，永离偏邪，能觉了世间、出世间之法，故有此称。

予的这份礼物呢？就到与人、事的互动中去体会了。能感受到，就能享受到。幸福这种东西不是知识，它没办法求证，它是直接感受、享受的东西。其实，这也是我说过的生命存在的价值与意义。

生命这东西不是用讲的，而是直接实践、直接兑现；幸福一样是通过兑现而来的。你说："我要给你幸福。"幸福又不是用讲的，你能给钱、给车子、给房子，然而幸福怎么给呢？幸福是靠互动和感受的。一个缺乏父母疼爱的孤儿，忽然某一天得到一个老人温馨的拥抱，他就感觉到那份无可名状的幸福了。这份刹那的幸福足以让他终身珍惜而感恩，而你却说不出个所以然来。

反观我们自己，到底有没有办法感受到自己的存在呢？怎么感受的？这必须自我训练。我们华严的生命教育，非常重视这一点。你能否感受跟家人相处时的那份幸福呢？你能否感受跟朋友相处的那份喜悦与快乐呢？或者你凡事都只是虚应故事而已？

从没看过一千块钱的人，你送他一千块，他会很感动。有个女儿即将出嫁，妈妈送她一只戒指，说道："这是你祖母结婚时，曾祖母送给她的，我结婚时她又传给我，现在轮到我传给你了。"你看，这金戒指传几代了，女儿当然感到很幸福啊！

岁月如碾，等这个女儿也当了妈妈，有一天把这只传世百余年的戒指拿出来跟子孙炫耀，结果孙子拿起来一看，说道："这哪是金的？这是铜的！"这个妈妈突然间崩溃了。幸福在哪里？在她的认知和感受里。到底是金是铜其实不重要，母女间的传承意义才是真幸福啊！古老的贫穷年代，错把亮晶晶的黄铜当成了金戒指，并不稀奇，但百余年的传世之物，却因为一个科学验证，就让幸福破碎了，这太不值得了。

幸福的存在是真实的，它建立在我们的觉知、感受上，而不是建立于外在的媒介上。媒介是金是铜有何妨？只要感受到幸福就好。你买一块玉、买古董会问是真的吗？你会要求保证书以判断真假。你是享受那个宝石呢还是享受那个保证？

很多人向外追求的是那份保证，而不是真幸福。你敢肯定那份保证绝对无欺？各位，幸福的存在与置产不同，置产需要考虑增值的问题，需要别人给你保证。幸福是无形的资产，它是生命的一部分，是生命的本质，但它不是财产。幸福，是生命中的一个重要因素，必须要能去感受它，否则它根本不存在。

如何在我们生命中，让幸福这个因素植根、成长、茁壮，那才是人生的重点。假如你把幸福当成某种财产来追求，一旦丧失了价值的保证，你的幸福立刻瓦解，变成我们所说过的一种假象的福报。为了谋取这份福报，你会压抑、扭曲自己，无法展现生命中的真诚，这个假象很可能在刹那间就毁了我们，把我们的生命推翻掉。

各位务必有所认识，生命因素、生命教育所赐予我们的，是生命内涵的提升。我们发现今天社会绝大部分的人，所追求的不是生命因素中的幸福，而是世间财富的保证。为了这个世间思想意识的财富，他不惜压抑、扭曲自己，以换取“幸福的感觉”，其实充其量不过是财产、权力、名望等东西，都属假象，冰冷而无一点温馨，难以展现生命的魅力，无由展现生命中的那股韧性、那股芬芳，这时候你就可以观察到，人有多可怜啊！竟然毫无幸福可言，他所拥抱的唯有资产保证的假象，一旦这个保证被撕，幸福也化为乌有。

这种人生有多空虚、无奈？

活在真诚的世界里，活在真实的生命里，我们的人生才有价值。各位必须体会这一点，否则在资产的保证之下，永远都有恐惧发生，这种人生不会有幸福；只充斥着表面上的保证，那只是福报，一种短暂持续的假象，感受不到真实的生命。故，佛家言“真如”①，真的如此，不是假如。我们活在假如、假设的世界里，所以才需要保证。

真实的生命不需要保证！幸福在哪里？就靠自己去感受。幸福在你的生命因素里，能真正感受到，即是真幸福，真实的生命便由此兑现。

① 真如：又作如如、如实、法界、法性、实际、实相、如来藏、法身、佛性、自性清净身、一心、不思议界，等等。真，真实不虚妄之意；如不变其性之意，亦即大乘佛教所说之“万有之本体“，指充布于宇宙中真实的本体，为一切万有之根源。大乘佛教主张，一切存在之本性为人、法二无我，乃超越所有之差别相，故称真如，例如，如来法身之自性即是。故真如乃一切现象（诸法）之实性，其相虽有各种差别，其体则与一切法不一不异，非言语、思考之所及。

第三讲

感恩与珍惜

今天要谈的是“感恩与珍惜”。感恩来自于知恩，若不知恩，感恩即沦为一种口头禅，一种交际应酬话。若是真能知恩而感恩，那就会采取报恩的行动，如此， 从知恩到感恩到报恩，会构成一个很美的生命因素。

很多宗教人士或社会道德思想意识强烈的人，口口声声都在谈感恩，但又不知感什么恩，叫人如何真正去实践呢？这种感恩不是发自于内心深处的生命因素，而是交际的口头禅。其实，懂得感恩的人是很美的。在众多经典中，佛陀都如此指导我们：要知恩、感恩、报恩。假如有个国度的人不知恩、不感恩、不报恩，那么这就是个很糟糕的国度。我们行菩萨行①的人，就应朝此国度去进行，这是勉励菩萨行者的话，也是告诉世间人应当要知恩、感恩与报恩。

恩从哪里来？若不懂得恩的存在，那绝对不会知道什么是感恩。有位新任职者曾说，他前一任留给他的是个中古的破屋，可见他不知恩的存在。要知道前人表现不佳，正是你得以一展长才的垫脚石，难道你不应该因此感恩吗？他若表现得十全十美，你又有何发挥的

① 菩萨行：菩萨为菩提萨埵之略称，与声闻、缘觉合称三乘。菩提，觉、智、道之意；萨埵，众生、有情之意。指以智上求无上菩提，以悲下化众生，修诸波罗蜜行，于未来成就佛果之修行者；亦即自利利他二行圆满、勇猛求菩提者。菩萨所修之行，称作菩萨行。

余地呢？

现代年轻人经常如此，对于前人的贡献不知恩，当然也就无从感恩，更不可能报恩了。因此年轻人普遍产生一种漂浮的现象，内心逐渐空虚化，因而活在虚妄的世界中。这部分容后探讨。这里我们仅仅指出现代年轻人的盲点。

我们要谈的是一个核心，是生命中一个很重要的因素——即感恩的心。一个人若不懂得感恩、知恩，那就容易自大自满。我最伟大，前人算什么，怎能跟我相比？各位要了解，建立在否定前人的前提上，这种优越残缺不美。知道感恩的人最美，至于如何报恩，端视情况而定。

感恩来自于你的柔软心①、真诚心，而非嘴皮上的心。发乎真诚的知恩与感恩，心绝对柔软，既不会僵硬，也不会争风吃醋。所以说拥有感恩心的人最美，因为他所表现出来的身、口、意三业也都非常柔软与完美。可见感恩的心其实也只是表征，此一表象来自他的真诚心。

我们都有师长的指导、父母的呵护，所以能在风寒中屹立不摇，在荆棘中挣扎突破，不管环境有多恶劣，我们都获得妥善的照顾，因而得以完美地成长，由衷地感到幸福。有了这种认知，我们就会知道恩的存在，有所感受，因此懂得感恩，并进而采取报恩的行为。

报恩，究竟要怎么行动呢？老人家们可能都已经谢世，不知到

① 柔软心：指止、观二行均等，不掉不沉，诸法实相了知于心；又指随顺人之本性而不违逆。《往生论注》卷下：“柔软心者，谓广略止观相顺修行，成不二心也。譬如以水取影，清静相资而成就也。”

哪儿去了，我们若要感恩和报恩，其实就是行得正、做得好，给下一代树榜样，为后世立典范；不厌不倦地将前人的谆谆教诲、前人的恩泽，传衍给后代，这就是最佳的报恩方式。

古人并没有要求我们如何回报，你若真的有所感受，那便如此这般报答。不是为古人封什么名号、立什么碑、盖什么庙，当然，有此因缘盖庙立碑以示感恩与恭敬，也是很美的行为，但无须勉强，只要能将古人的行仪、成就加以转化，以我们本身为媒介，让下一代也能感受到前人的苦心就够了。当然，古人也有些不够完美之处，因为古代的资源、信息或技术能力都有所不足，但我们仍应很真诚地感受、升华古人的遗泽恩荫，再以赤诚将其无私奉献的内蕴，再次传达出去，这便是生命之美，也是生命中难得的基因，故谓“生命因素”。

我们把这样一份生命因素转化、传递给新的一代，由其继承而进一步再造就整体的社会文化。感恩之心，就个人的角度而言，属于一种很美的生命因素，而从社会族群来看，则攸关整体的文化面貌，是文化的树立与传承的一个关键所在。

这个感恩、知恩、报恩①的行动，不是为了创造文化而产生的，它来自于你生命中的因素。它不是爱现的，是自然累积出来的。所以我们看到古来所传留的这些文化，都有一种敦厚之美。它们不见

① 感恩、知恩、报恩：恩，一切事物皆依因缘方能相互生存，此即恩之所在。知恩，乃为能感知他人恩惠。恩字由“因”与“心”所构成，可谓无论何事，举凡促成今日状态之一切原因，皆须常存心内，深刻思念，即为感恩。报恩乃酬报恩德之意，为三福田之一，即报谢父母、师僧、三宝、国王等之恩德。佛经中多以利他教化为报恩行，如布施、供养、读经、起塔、造像、启建法会等。

得比现代的科技产品来得精巧，但有一种温纯的厚实感，为什么？因为它只是就生命因素做那样的传达而已。它的目的不在于炫技或夸耀，它只是一种感恩与回馈之举，此即感受之所在。想想今天我们活在这世间，是因为有这个恩而存在着，或者只是为了表现自我能力与掌握权力？

各位朋友，能知感恩，生命才有重心，否则就会产生漂浮现象，这也是时下的年轻人普遍的弊病，即使当今的社会也不免于此。究其原委，即因传承中断，不知感恩之故。一个社会族群，若人人皆知以感恩为生命的立足点，社会族群便有稳固的基桩，否则一产生“漂浮”，便是恐惧的来由与灾难的前兆。

人，一旦经常处于动荡不安中，会产生虚幻之感，所以知恩、感恩与报恩，允为重要的生命因素。有了此一立足点，便得以串联各项生命因素，使生命整体能够稳定下来，进而稳定社会。因此，这绝非一种口号，而是生命因素的实践与兑现。

漂浮现象是我们这个时代的一个特色，几十年前我们就发现了。虚幻、空虚充斥了这个世界，今天为何有那么多人轻生、自杀[①]？物质生活富裕得无以复加的今天，理应活得比从前更好，为何一受挫折便不知所措，动不动就想自我了结呢？人生中这些点点滴滴的事件，为何没能力处理而必须走上绝路？

自杀，其实是生命失去了中心，失去了立足点，才会不知怎么

① 自杀：其义有二，(一) 自己动手杀害任何有情之生命，为二十种杀生戒之一。(二) 自己杀死自己。五戒之首乃“不杀生”，含有禁止自杀之意。大乘佛教阐扬尊重生命之教理，反对任何戕害生命之做法，认为凡生者皆为我父、我母，故杀生即杀父、杀母，自杀亦无异杀父、杀母。

活下去。这里所说的感恩的“恩”，其实便是生命的一个立足点，一种生命的传承（称作DNA）；不仅生理上的生命基因叫DNA，社会整体的生命传承也叫DNA。这社会生命的基因,便来自于这个“恩”。这个“恩”字很简单，人人都会写——因在心上——生命的因素在我们的心上。心里若缺乏这个生命因素，怎么活下去呢？

文明愈发展，经济成就愈大，人人变得很有钱，人情也愈趋浇薄，尤其社会福利愈完美的国家，自杀率愈高。前一阵子有个报道很有讽刺意味，全世界犯罪率最高的地方，居然就在梵蒂冈。各位要留意，这里的人难道不知感恩吗？无怪乎我们常说，你若是个宗教徒，就千万不要成为宗教的叛徒。为什么？心中若没有“恩”这个生命因素，怎么感受、怎么感恩呢？你必须亲自感受生命因素的存在。它存在哪里？心要有啊！我们就从这个地方来了解自己。这一点若无法体会，内在便会明显产生严重的冲突与对立。

我们一再地强调要找出自己的生命因素，因为它构成了人存在的基本架构。丧失了这些因素，生命便步向恍惚、空虚与无奈之途，此时若再遇到一点挫折，考试不好也去自杀，落了榜也去自杀，两人吵架也自杀……奇怪！生命这么不值钱？

回头看看古人，他们的生活环境比我们糟糕恶劣，根本没钱嘛！芸芸众生几乎有如乞丐那样过生活。他们向大地、向老天乞食，偶尔找到两块地瓜或芋头，就足以安慰有一餐没一餐的日子。而很多有名的传世诗歌，描述着安贫乐道的百姓生活，是那么的知足、自在与温馨。这种心灵的稳定力量，来自于内在的生命因素。虽然生活清苦，但能守穷即能知足常乐。如今物质丰富，自杀者身上不乏名牌衣物与配件，却终究想不开。欠缺生命因素，心中毫无立足点，活得极无奈、极空虚，这样的生命未免流于浅浮刻薄了。

人，拥有愈多的生命因素就愈富贵，而外界所存在的那些，尽是虚幻的生命因素，财富、权力、名望、知识……这是世间多么令人振奋的事啊！可是它们反而促使我们内心空洞化，空虚、不安、恐惧皆由此而起。生命中的因素就在你心上，我们必须去感受它，这也是存在之意义所在。

你看古代的长工即使没半点薪水，窝在角落里生活，他也很感恩。我们觉得他很愚蠢，他却活得很快乐。聪明如你，又为何活得如此悲哀和恐惧呢？没错，工作之余确实需要休息。工业革命时代，由于劳工们一再被剥削，毫无喘息之机，这时确实需要一点人性尊严。如今人们还能过上两天假期。

你会发现这也是一种欲望。原本依据基督教、天主教教义，一星期第七天休息，其实是为了进教堂感恩的，结果后来大家不但没这么做，反把假期扩大到礼拜六，假期多了，你在感恩吗？造业①、挥霍，在家吵架、计较。争取来的假期，应该增加幸福感才对，结果反而增加了痛苦，这种假期有意义吗？

期望大家真正了解，“恩”是我们生命的立足点，感恩能够串联生命，让人更具生命感，更具生命力。我们要争取的是幸福，是快乐、是满足、是享受，而不是恐惧、不安、虚幻、空虚。感恩是生命的动力，若懂得感恩，就不会去争取无谓的东西。法律赋予我们人权，这没错，

① 造业：由身、口、意所做的一切善恶思想行为。

我们争取到的都是法律上的权益，却丢掉了生命因素，攫取到没必要的残渣，牺牲了拥有幸福快乐、拥有真正生活满足感的权利。

我们的生活显然已经产生了颠倒①。我这样讲，或许有点太叛逆了，违背了社会既有的成规，可是社会运作的确出了状况。我们要争取的是幸福、快乐与人生的满足，可是有多少时间用在真正的人性、心灵活动上呢？或只是寻求感官刺激而已？我们所创造的高所得都用在哪里？

高所得是让我们冷静下来，去提升生活质量，以便好好享受生命空间的。然而今天大家只是一味想着工作要轻松，钱多事少离家近、待遇丰厚假期多。然后呢？这是个什么样的时代，你感受得到吗？死皮赖脸依附在人家的余荫下，活得好像很不错，其实是个不负责任的状态。相反地，很多人责任在身，全力以赴，结果得了过劳症，如此焚毁生命，也是一种灾难。而那没责任感的人，便依附在这种过劳者的牺牲奉献上。这两种极端都不对。

我们应该取得一个平衡，拥有自己的生命空间。人家在努力，我却寄生在人家的努力上，结果他失去了生命空间，你却把生命空间用在浪费、挥霍这个点上。

每个人对自己的生命都要有一份责任感和一份信心，否则无法让生命因素留在心上。当我们这样肯定，就必须对自己负起一点责任，而不是依附在那种浅浮的人生观上。或许你认为比较高尚的是知识

① 颠倒：谓违背常道、正理，如以无常为常，以苦为乐等反于本真事理之妄见。对于颠倒妄见之分类，诸经论有以二颠倒、三颠倒、四颠倒、七颠倒、八颠倒、十颠倒、十二颠倒之异。

或名望，甚至认为感情比较真实等等，但我们还是得提醒诸位，我们真正需要的是幸福，所以要拥有充足的生命因素，而非表象上的如高所得、权利、欲望[①]等等。

真正的快乐、幸福，应该从家里看起。有位年轻的朋友说要出马竞选，跑来找我谈，好像问我明牌一样，一直问他这样做好不好？我问他，太太或家人同意他竞选吗？他说家人都不赞同，因为他们不认识生命的价值。于是我问，他的生命价值何在？他居然说，这次一旦选上，太太再反对，就要跟她离婚。

各位，为了得到某种社会名望和地位，宁可牺牲掉家庭，请问这种人的生命舞台在哪里？这种人谈不上责任感，只能说是虚荣啊！他有什么生命的“恩”？有什么人性？连太太、子女都可以牺牲掉的人，还能指望他为我们做什么奉献吗？我们的社会怎会调教出这样的人呢？

社会的伤口愈来愈大，我们真的迫切需要对生命重新整顿一番。

幸福是生命的快乐和喜悦，是人生的一种真正的满足感，而不是虚妄的名利啊！生命因素究竟何在？家庭是这方面考验的最重要起点。家是生命空间的存在，是个人文化的摇篮。一个人若不能珍惜家庭、珍视家人，还能做什么呢？

提到感恩，那么相对地，也有一个与之息息相关的名词——“使命感”。感恩有个对象，你想保存这个恩或报恩，那就是一种使命。

① 欲望：意谓希求、希望所做事业之精神作用。欲有善、恶、无记等三性，善欲为引起精勤心之根据；恶欲中之希欲他人财物者，称为贪，为根本烦恼之一。欲有多种，如爱着色、声、香、味、触等五境者，称为五欲；被爱着之五境，亦称为五欲；对财、色、饮食、名、睡眠之欲，亦称作五欲。

用现代话来讲，它可以说是一个极度抽象的商品。我们必须借由它才能实践和兑现这个“恩”，才能说是“报恩”。实践使命感的动力就来自于我们的珍惜与感受。

恩的存在，必须加以珍惜、呵护，才能保有。由于我们唯恐它消失掉，所以衍生出使命感来。由于大众对前人行为的珍视，有了此一珍惜的标的，因而滋生感恩之情，进而引发保衽与传承的使命感，并得以进一步付诸行动，产生报恩之举。这一串联现象，构成了生命的总体，文化传承也是这样来的。

人类之所以那么骄傲，如此自认伟大，乃源自于这代代相传的使命感，所以传承变得很重要。如果砍断了这个根所接枝过来的东西，会沦落得不三不四。如果不能将此基础落实，那么所见所闻的世界文化都将为之中断。世上哪个民族没有自己的文化呢？有文化就一定有传承，有传承就一定有某种使命感。你若感受不到这份传承与使命感，那再怎么谈，都属谋略，都属生命领域之外的虚幻①条件。

来自传承中的感恩与珍惜，才必须加以珍视与拥有。这份因素是生命的重头戏，若是体会不到，人生就流于浅浮、漂泊，社会也将因此动荡不安。唯有珍惜，才有存在。懂得感恩，感受心中的这个生命因素，便能体验人生的满足与充实，便能享受生命存在的美好、喜悦与幸福感，否则只能在不安与恐惧中打滚。

以一对男女为例，如果是夫妻的话，彼此定然能感受那份幸福

① 虚幻：虚假、非真实之意，或略作妄。其义细别有三，即：(一) 非实在，如妄法、妄境；(二) 非理迷执，如妄识、妄念、妄执等；(三) 虚诳，如妄语、妄言。幻，指假象。一切事象皆无实体性，唯现出如幻之假象，即幻象；其存在则谓幻有。所显现之如幻现象，犹如魔术师之化作，故称幻化。此外，使魔法者，称为幻师、幻人。

的存在。不然，关系浮浅、感情不正常，你会发现俩人经常处于不安与惶恐中，如此架构起来的世界，定然是虚幻、不真诚的。

我们生存的这个世界，是建立在生命的充实感上，建立在感恩所得到的幸福与美好上。名利可有可无，但没有幸福的人生则是一种灾难。

从古至今，不乏贫穷的年代，虽然生活很苦，可是人家过得幸福啊！现在拥有这么多的东西，却还觉得扰攘不安，这是因为缺少感恩的心，缺少对社会的使命感，缺少了历史传承。否定了历史和传承，就会被推进不安与恐惧的旋涡里。

我们必须赶快重新坚定生命的立足点，确认生命的动力，把它串联起来，让生命得到真正的皈依①。有了立足点，我们的生命感、生命力才可能重燃起来。

简单地说，唯有珍惜与感恩，才有存在，否则生命传承将会消失，人亦将陷入不安与恐惧的情境中，同时生命也会变得虚幻、空洞、无奈。我们的漂浮性、漂浮现象，将会普遍地泛滥出来，如此一来，整个社会对每个人而言，都将会造成一种很大的压力。

为了避免这种逼迫，唯有重新肯定我们自己，这是对生命的一种认知。

今天的社会缺少了生命的动力与感性。人们所拥有、所追求、

---

① 皈依：又作归依，指归敬依投于佛、法、僧三宝。归，反还之义，即反邪师而还事正师；依，凭依、依靠之义，即凭心之灵觉而得出离三涂及三界之生死。一般而言，皈依是信仰、希愿领受外来之助力，从他力而得救济。然以皈依之至深意义而言，其最终仍是归向自己之自心、自性，因自己有佛性，自己能成佛，故自己身心之当体，即为正法涅槃。

所堆砌的都是名牌。你酷爱用某种品牌，好像也是某种族群的认同，然而你是真的认同，还是被人家牵着鼻子走呢？谁能操纵这个流行，谁就是成功者。我们岂不是一群被操纵的傀儡？

这种流行，根本就是个虚幻的相，生命的动力不在这里。我们应该看清生命真实的因素，看清楚自己的标的。不但要认知到，更要感受到生命因素的存在，如此才能珍惜、感恩，激发使命感，进而采取报恩的行为。

让我们拥有一颗感恩的心，这样，社会、人生才能焕然一新。

第四讲

漂浮现象

本单元要谈的是“漂浮现象”。

上一讲曾谈到“感恩与珍惜”，那是个比较理论性的核心问题。至于因缺少了感恩心而产生出来的现象，我名之为“漂流现象”，或称“浅浮现象”、“漂浮现象”。我在拟定这个题目时，正好有位教育界的朋友告诉我，目前的教育界也正在研究这个课题，我便借用这个名词作为主题，来谈谈时代青年所处的情境。

当代的青年有跟流行、耍酷的情况。有位老先生说，这个时代的审美观就是营养不良，瘦瘦的，毫无表情，冷漠异常，这就叫酷。这是时下年轻人所标榜的一种特质。其实，这只是静态的，你若注意到动态的部分，会很讶异，现代青年的生命感怎会如此模样？

他们看似很活泼，其实非常腐化，靠着声光色影在支撑着生活。ＫＴＶ、卡拉ＯＫ，全然依赖音乐背景，他真的能唱吗？不过是一堆噪声罢了，大家伙儿一起瞎混，好像也不错，一旦将那音乐背景抽离掉，他能唱吗？唱出来的是什么？

没有独立的个性，更无法自主，这是时代青年的一种状况；他缺乏责任感，欠缺生命的信心。他愿意或者能担当什么责任呢？你给他工作，他要做便做，不做就走人，责任谁负？用到这种人，老板只有气死。你说他缺乏责任感，我看是没有信心。但他又表现得蛮有自信，那叫虚妄、膨胀的信心，不是真信心[①]。这是目前时代青年的一种特色。

他在家里表现得很叛逆，自觉很有信心，他要怎么样就怎么样，可是你留意，他无法离开家庭，否则就等于死了，他其实只是依赖家庭。二三十岁了，可是他真的长大了吗？他生理年龄长大了，心智年龄却根本还没长大，而他也不愿意长大。这种基本现象，我们可能都忽视了。

青年人是心智长不大，而非身体长不大。现代青年的体能相当不错，但心智却滞留在侏儒状态。他们对社会没有责任感，对生命没有信心。他不愿成长，只愿托庇于父母创造的经济恩荫，追求享乐与流行，开口闭口都是双B（BMW和Benz）和名牌，手机经常更换，即使信用卡费也由父母帮他缴，凡事有父母顶着。漂浮性的人就这样生活着，他创造了什么呢？

父母的努力，无非是想让下一代享受荣耀，然而子女心智却就此被毒害了。怎么办？我们是否洞察此一情境？看到此种社会悲剧与家庭不幸呢？这些子女未来都将为人父母，一旦漂浮子女变成了漂浮的父母，社会将是什么样子？根本就是侏儒社会。

当然，也有不少有志气、有家教的好青年，在社会上为我们付出，但他们最终只沦为过劳症一族，徒然折损社会精英而已。众人都变成漂浮族，社会将何以堪？

---

① 信心：信受所闻所解之法而无疑心，亦即远离怀疑之清净心。信心乃为入道之初步，故置于“信、进、念、定、慧”等五根之首。《六十华严经》《大智度论》均喻信心为手，称已能知解佛法而无信心者，如无手之人入宝山而无一物可取。此外，《仁王般若经》等亦以信心为菩萨行之始源，而将其置于菩萨位之首。

社会不仅病了，而且进入一种不可名状的新时代毒性的状态。毒性两面漂流，让青年演成两种极端：一边是负责任的过劳族，另一边是不负责任的漂浮族；一边是长大后被责任压垮的一群，另一边是长不大的一群。这些情况该如何对症下药呢？我们应该重加整顿，让人生过得既真实又有意义。

在这新时代里，青年应具备一些责任，一些就好，不必完全；对自己的人生、生命，要具有绝对的信心，否则一旦堕入卡拉ＯＫ式的人生里，就只能随人起音、唱和。你知道自己唱什么歌吗？你能自己唱吗？你的人生舞台是否寄生在社会背景下？你所拥有的，是否是一个消逝中的生命、虚幻的人生？

我们指出时代青年的漂浮现象，好像蛮耸动视听的，其实还可更深一层地去观察。站在生命教育的立场，我们必须看清楚时代的病，然后找出对治之道，进行真正的生命改造工程，以挽救沉沦的心灵，让生命趋向健康，社会趋向完美，人人皆拥有美丽人生，兑现美丽的世界，这才是生命教育的理想目标。

当然，要改造生命，兑现美丽人生，谈何容易，但知其难为而为之，不因其工程庞大而退缩。我们不但要建设个人，使之拥有美丽人生，更期望社会成为美丽的净土、天国。我们不相信净土在遥远的西方，也不相信天国是死后方可到达之地，它是在这一生，在这世间就可以马上从生活中兑现出来的。人人都是解脱的快乐人，世界便是净土，便是天国。我们绝对做得到，问题在于是否能看到症结。

我们既然有能力改革以往的贫穷与落后，那么，让世界达到止于至善、十全十美的境界，又怎会做不到呢？原因在于我们掉入了盲点，看不清楚真相，所以才认为做不到。其实这个工程不难，因为我们已经清楚看到了病症，所以对治不难。祖先们已经给予很多指导，只因社会陷入了争斗，错以名利为尚，故而忽略了生命因素的存在及其价值，跑错了方向。只要调整过来，那就不难啦！

时下的青年之所以产生这些现象，乃因我们的社会教育与引导发生了问题。时代变了，我们的观念和人生准则却尚未调整过来，任由以往美好的价值观和生命因素荡然消逝，以至于产生今日种种弊病。时代的相虽然改变，但生命不变，你仍旧一样呼吸，一样需要阳光、空气、水。我们创造了经济奇迹，目的不是在追求美好的幸福吗？可是享乐主义抬头，幸福未增、痛苦未减，实际上增加的只有名牌。以前一件衣服破了补，补了再穿，如今除非故意标新立异，不然谁穿破衣服？

我们创造出了丰裕的物质生活，可是生命因素却也遗失了。生命因素若不能重建，心灵和生命就会堕落。我们得到物质，却失去了心灵，何苦来哉？那还不如维持原始生活比较好。过去虽然三餐不继，受生活逼迫，可是大家相依为命，内心温馨而幸福。今天有谁会为了下雨而担心屋子漏水呢？物质如此丰硕，但为何幸福不再呢？我们为何努力，为谁辛苦为谁忙？

这些问题真的必须好好检讨。今日的父母通常在努力过程中，忽略了对子女的教育和沟通。本来青年子女们的知识来自于父母、师长或学校，可是如今却多从网络、电影、朋友或吃喝玩乐中获取。父母、学校、师长的地位渐泯，社会伦理日益淡薄。然而，生命因素仍旧是不可或缺的。

我们必须透过生命因素重新架构新时代的伦理。这要如何进行呢？绝非靠一人之力，而是人人投入、关怀，运用大智慧①来重新架构。古代的东西在古代有一定的贡献，但对新时代未必有用，然而要建构新时代的伦理，毕竟不能完全舍弃旧有的架构和基础。这时，智慧是相当重要的。新架构必定以现实的社会状态为依据，假若幸福指数无法提升，痛苦指数难以下降，那么耗费再多资源来创造新时代的物质，对大地母亲依旧是大不敬。

各位想想，无止境地挖掘、使用资源，终必有用罄之日，况且由此还转化出垃圾与灾难。幸福指数若不能提升，岂非白忙一场？因此，努力的过程中，切莫迷失了指标。这个指标就是生命因素！它带给我们生命力与生命感，若未充分发挥，所有努力都将白费。

当今时代青年的弊病，其实普遍存在于全世界，美国、欧洲、日本都一样，因为物质文明实在太发达了。年轻朋友们享受前所未有的福利和照顾，一如温室里娇嫩而不堪挫折的花朵，所以说六七年级的年轻人是草莓族，碰不得啊，稍微一碰就受伤，相当令人遗憾。

父母疼惜、照顾子女，供其享受，本是爱的表现，无可厚非，但溺爱过甚，使之依赖成性，已是举世皆然的现象，显现了人性共通的堕落性。唯有受过苦的孩子，才不至于堕落太甚。从未受苦的孩子根本经受不起挫折，他依赖着家庭，予取予求，先斩后奏，尤其看人家有，他也想要，反正信用卡可以分期付款，虽说金额不大，

① 大智慧：大，梵语音译摩诃、么贺，指自体宽广、周遍含容；或指多、胜、妙、不可思议。大智慧指了知一切事相与事理法之不可思议智慧，而非世间聪明才智，如IQ极高之类。

但影响心性却长远而至巨，养成了投机心理。一开始，孩子们尚闯不了什么大祸，父母轻易帮他善后，久而久之，他赖着不长大，在父母的荫庇下好生存，他永远缺乏独立性。

前面跟各位提过婚前教育。年轻人要结婚了，这不仅是两性之间的关系而已，其实是进入人生的另一个领域，而其中最重要的就是独立及尊重。如果他生了孩子还送回去给父母养，根本就是依赖。父母亲理应置身事外，当他有风险时再为他提供人生的意见与生命的智慧。你若无法传递他生命的智慧，那就是不慈悲，而身为子女者也无智慧，永远长不大。

第二，在家可以撒娇、赖着不管，婚后则必须学习尊重别人。撒娇是人性中的一大特色，且待下一集再介绍。赖着家里，其实是人性的一种撒娇，因为这样可以满足欲望，父母也因孩子撒娇惯了就放任他。好啦，他最后无法独立了，而且也不懂得尊重和包容他人。当这样的两个年轻人碰在一起时,问题就产生了。双方都要撒娇，谁也不让谁，冲突于是产生，新家庭岂不是很容易面临破碎?

更糟糕的是，大家对这种破碎家庭的存在，竟也习以为常。我们并非鼓励不相容忍的两人要硬塞在一起，可是两人总该有解决眼前困境的能力啊！任由问题扩大而不解决，最后不就变成社会中一颗不定时炸弹，随时有引爆之虞。这个社会最基本的组成结构、最小的细胞，产生了病变，形成了社会的癌症。

大家对此不以为意，认为单亲家庭都很正常，一旦将此现象视为常态，岂不是任由癌细胞滋长？我们应该留意，年轻人不能独立、不能包容与接纳别人，病源在哪里？在于父母从小溺爱，这不仅是宠溺，而且是一种毒害。所以，如何让孩子独立、包容，显得相当重要。在包容接纳别人的错误时，他所需的训练便是沟通、协调或妥协的能力。大家如果都为逞一时之气而不愿妥协，那么家庭、社会将濒于破碎。人，总是需要妥协的，否则冲突将愈演愈烈。

很多人主张不合则离，要知道，不合，应该是经过相当的努力也真的无法解决才选择分开。可是大家往往连沟通和妥协都没有，只是一再冲突，最后彼此都受不了了，就推说无法沟通、没法妥协。我们从不肯敞开包容心，很有技巧、很理性、笃定地去沟通，去试着接纳和欣赏对方，故而无法了解对方的生命背景；喜欢是一时兴起，不喜欢是冲突的结果，这怎么搞的啊？彼此的关系都建立于外在的影子——财富、名利、名牌、美食、逛街，倘有余暇，大概就是吵架了。这怎么叫人生呢？其意义与价值何在？

教育都变了形，因此无法认清生命存在的价值与内涵。缺少那个内涵，人难以真正生活下去。所以我们才强调，一定要拥有本身的家庭文化，如此才有开阔的生命空间，而不至于漂浮无根；这时彼此间的认知才得以成长和深化，如此生命相依才有价值、才有意义。否则，你会发现子女与父母距离愈来愈远，只剩法律所赋予的责任和义务，毫无真正的人性与心灵交流。社会是黑暗的，人性是冷漠的，存在于这个世界是痛苦的，幸福、喜悦哪里去了？期望世间有情有灵性的人们能深思此一问题，反省我们将如何生存下去。

曾经有个笑话说：“你的孩子跟我的孩子联合起来欺负我们的孩子。”不知各位听懂否？这个笑话反映了新时代的伦理状况啊！漂浮的子女们，不解人生的真谛，他喜欢不时更换手机，毫无永久的感觉，他不管自己将面对什么压力，不在乎付多少钱，因为钱不是他辛苦赚来的。他把这种价值观也带入了婚姻，认为经常更换伴侣也无妨。人，一旦被物化了以后，一点价值也没有了。

人性被物化了，这不是很恐怖吗？未来的时代会变成什么样子，尚言之过早，倘以现在的标准来看，那定然是样样不对劲。我们若想要左右着未来的情况，这权力欲也未免太大了。不过“你的孩子跟我的孩子联合起来欺负我们的孩子”，这毕竟不能单纯以笑话等闲视之，因为它可能是新伦理形成的走向。

它是否会让我们社会的幸福指数增加？如若不然，可能就是痛苦指数蹿升了。制订伦理目标，就在于防止痛苦指数的攀升。我们虽然尚无能力预先制订，但能预见其发展的轨迹。如果连此一发展轨迹都无能预见，那便会进入茫然的状态，而这状态本身是虚无的、恐惧的。

现代的年轻一辈漂浮族，身处急速变换的生活情境，有那么多东西可供变换，而这些东西从哪里来？就靠过劳族的兢兢业业打拼而来。然而这些漂浮族形成了社会的多数，当他们以自己的意见为时尚而漂浮时，那些过劳族的生活也不免受其影响。

在物化的价值观当道之际，过劳族虽然在专业领域中努力发展本身的历史及生命价值，可是在漂浮族强大的意见洪流中，他的努力可能都变成梦幻泡影①。这时，过劳族的人生所付出的牺牲，绝对

① 梦幻泡影：幻，指幻术家之变幻；泡，指水泡。“梦幻泡影”与“露电”，皆用以譬喻世间万法之虚妄不实、生灭无常。《金刚经·应化非真分》云：“一切有为法，如梦幻泡影，如露亦如电，应作如是观。”

数倍于漂浮族。他所创造的价值，都被漂浮族消融于无形，他的人生也连带被卷进漂浮族定义的旋涡里头。这样的社会，公平吗？

我们是否每个人都可过着漂浮族的生活？其实不尽然。我们该如何调整这种情况呢？一旦漂浮青年成为漂浮的父母，社会将变成什么样子？我们又该如何因应呢？这是有心人士必须深思与努力的地方。

目前谁都无法定义未来，因为我们不是活在未来。你拿旧有的标准来看现在，当然是一团乱，而以目前展望未来，显然也会有另一套新伦理出现。那套伦理如何制订，现在的我们无权过问。我们唯一能关心的是，漂浮的青年们在成为漂浮的父母以后，社会成什么样子？他们所造就的社会现象与制度、伦理，会是什么样子？

我们一路走来，发现很多父母变成寄居蟹了，这个月你家，下个月我家，你遇到小月二十八、三十天就赚了，遇到大月三十一天那就糟糕，搞得父母三十一号不知该到哪家吃饭好。这种痛苦指数普遍攀升，幸福指数完全消失。弄到最后，老人院、养老院都出来了，这样大家幸福吗？

这当中很难用责任、义务等来定位，因为时代在变，责任和义务的定义也在变，至于转变成什么形态，暂且不管。我们必须肯定的是，幸福指数与痛苦指数消长的状况，是我们戡定未来人类新伦理的一个指标。不管将来的伦理标准如何定，都应该是幸福、满足感增加，人生更充实更愉快才是。政府制度也好，社会的观念、公理或舆论也好，都一再地转变。这种转变能否促使大家更幸福快乐，那才是我们必须真正用心的地方。

今天放眼所见，最足以让人忧心忡忡的现象，不外是这种漂浮的状况。大家真的是活在一种自我麻醉与自我安慰的情境下。即使过劳族想力挽狂澜，作一番贡献和补救，最后恐怕都会被漂浮族给攻陷了。

我们的背景太多了，好比卡拉OK伴奏的背景音乐太过复杂，根本听不到你的歌声了。我们要看清楚，社会的努力是否会是昙花一现？那种浮华与纸醉金迷，是否即是灾难的前兆？不是当然最好，万一不幸的话，你、我怎么办？如今一切繁荣与富裕，到时可能都沦为短暂的自我安慰假象。

第五讲

撒娇人生

今天要跟各位谈的是“撒娇人生”。

撒娇是人性的一种特质，前面我们提过的叛逆现象是人性的另一种特质，它是硬给你好看，而撒娇则是软地给你好看。撒娇也好，叛逆也好，其实是人性的两面，一软一硬。

撒娇这种软的好看，又分很多种，其中唠叨也是撒娇的方式之一。有些人遇到挫折或压力以后，会一张嘴一直念叨个不停，有些人则是一直吃一直吃，这都是一种撒娇。当然，我这样的定义，或许有些人不太认同，但不管怎样，我们在探讨人性时，不免要归纳、推演，好让大家有所认识。人性中的特殊现象，都是我们稍加留意即可发现的。

小孩子的撒娇你看得到，太太的撒娇你也看得到，可是父亲对孩子的撒娇是什么样子？先生对太太的撒娇又是什么样子？你大概就不甚措意了。人性的那种矛盾与可爱，都在撒娇时透露出来。孩子对父母亲的撒娇，很容易辨识。他很单纯，他要什么，直接有个动作、言语出来。小孩子撒娇的言语，显现了他的性格。有的不用讲，只通过肢体动作表现；有的只会讲，动作不敢出来，直到你同意了，他才表现出来；有的则是语言和动作同时表现。心理学如何分析这些现象，我不知道，但我相信，这都是可以统计与研究的。我认为这是生命教育领域里，非常值得重视的指标。

根据小孩子撒娇的种类与性格，可以看出他将来在社会上成功与否。为何这样说呢？因为会撒娇的孩子，人际关系比较好；撒娇情况表现得不好的人，大概EQ也比较有问题。因此，可以通过撒娇，来进行人性的矫正与教育。成年人的撒娇和小孩子的撒娇，其实没什么两样，但跟生活环境有绝对的关系。

撒娇，其实是欲望的一种表达。拉关系、走后门是一种撒娇，巴结上司也是。整个社会诉求着某种思想意识，也是一种撒娇。各位，你知道吗？我们大概都被人家撒娇了，赔了夫人又折兵，却还不自知。人生旅途中，你走在什么样的路上？或许人被骗得一塌糊涂了，而且一辈子如此，都还不自知。为什么？是你根本毫无觉性①，所以看不出自己在人生旅途中所走的路。

人家对你讲的话，哪些是真，哪些是假，你分辨得出来吗？分辨不出来！因为他用的是撒娇的手段，他用软的给你好看。这一点，你能不能体会？你看得出人性的这种特质或弱点吗？你是否对自己的人生感到一头雾水？有些人到死都还看不出来，这是怎么回事？

举个例子，有个孩子很认真读书，考试成绩极佳，爸爸妈妈引以为傲，经常跟人家炫耀。他从小品学兼优，一路求学都是第一志

① 觉性：又作如来性、佛性，即佛陀之本性，或指成佛之可能性、佛之菩提之本来性质。觉有觉悟、觉知二义。觉悟系相对于“所知障”而言，无明之昏暗如睡眠，若能觉，则如自睡眠中醒寤；觉知系相对于“烦恼障”而言，烦恼之侵害如贼，圣者能觉知而不受其害。此种觉悟、觉知之本性，谓之觉性。又凡夫之人乃不觉者；声闻、缘觉等二乘之人，仅具自觉；而菩萨虽能自觉、觉他，然觉行未满；唯独有佛，为自觉、觉他，而又觉行圆满者。

愿上，考上最优秀大学最优的科系，然后出国留学，拿到博士学位，接着又和外国人结婚。他的父母觉得家族荣耀得无以复加。

他结了婚以后，说人要留下来，但投资海外事业需要很多钱，怎知他竟然偷偷在办移民。你认为他跟洋人结婚，理所当然会在国外投资、开工厂。既然需要资金，就把家里的田产卖光。他说工厂盖好要买机器，于是你又卖了山坡地，然后他说进原料需要融资，你又把老家卖了。你变卖了一切家产，至于家里另一个不读书的小孩，你说："活该！谁叫你不好好读书！我要搬到美国和你哥哥住。"

一到美国，问题发生了。人家讲 ABC，你说ㄅㄆㄇ，媳妇跟你话不投机半句多，因为语言不通嘛！一早起来，她吐司加牛奶，你却要清粥配酱菜，她到哪里去帮你张罗？一个月搞下来，互不讲话，形同陌路，夫妻俩干脆也不回家吃饭了，放你一个人挨饿。你待不下去了，他买张机票把你送回来，你最后什么都没有，还不是跟那个不会读书、放牛吃草的孩子一起过日子？！

明白吗？你遇到了一个撒娇的孩子，他体贴、懂得人性，知道父母要什么，社会要什么，他表现给你看。这十足的撒娇很柔性，软的给你好看，怎料最后竟是个讨债鬼，把你所有财产全部骗走。

从这种前提下的人性中，你看到了什么？你懊悔什么？还不都是自己心甘情愿？他所做的一切都经过你的同意，你甚至感到无上光荣，只是没想到最后连一碗清粥一碟酱菜都得不到，狼狈而回。

人生啊！撒娇有时比叛逆还来得可怕，明白吗？人性存在着这一面，真正的人生活在哪个情境中，没有人知道，都是你用自己脑筋去设想，一相情愿勾勒自己喜欢的情境，然后毫无保留地豁出去，最后才发现被骗了。

你只在意自己所喜欢的，却根本看不出它的将来。孩子会读书、考好成绩，当然很好，可是你有没有施予人性的教育呢？你是否留意他应该考虑些什么呢？他只考虑自己，因为你一贯地以他为中心，让他习惯了自私。这怎么办呢？我们必须面对这个问题，仔细来探讨人性、人生与生命的存在。

人性中这撒娇的一面，是柔软的一面，却也是人性的一大缺点。我们很容易在被人家撒娇的同时，也被欺骗了。当然，我并不是指子女都这样，而是要指出：我们由于没有智慧而无法看清人性。

事实上，撒娇的种类众多。很多人来跟你借钱或邀你投资时，极尽讨好地媚态，可是一旦有事发生，就完全不是那回事了。

到底撒娇是个什么样的东西呢？说实在的，很少有人认真看清它，一旦你正视这个问题的存在，便也觉得人生中充满了陷阱。一个人冲你来硬的，你会有所防御，但当他跟你来软的，你根本不懂得招架。此即经典里头所谓的“软贼”与“硬贼”① 之分。有人破门而入，拿着棍子、刀枪时，你定然有所防御。当一个人软绵绵地给你好处、让你尝甜头，你根本就失去了戒心，不懂防御。

撒娇，即属软贼的部分。它无所不在，所以当它表现出来时，常常让人措手不及。刚刚提过，唠叨也是一种撒娇，叛逆也是一种撒娇，但叛逆让你有警觉性，撒娇则不然。我们对撒娇的定义，通

① 软贼、硬贼：能潜蚀行者之功德，坏其道心者，如名闻利养等即是，故比喻为贼。以温和、柔软、不显著的形式缓慢侵蚀的，称作软贼；以激烈、强硬、显而易见的形式破坏的，称作硬贼。

常指儿童的撒娇，事实上少年人也有撒娇的一面，很多孩子一心想有优良的表现，其实这便是一种想取悦你的态度，为人父母者是否看到了呢?

那些比较不会读书，或比较憨厚的孩子，他通常一直忍着，比较退缩，你说什么他都好，这其实也是一种撒娇，因为他无法积极向你表达。而能干聪明的孩子，撒娇比较明显，他说话得体，应对大方。憨厚、憨直的孩子比较不懂得来这一套，不过，他自有表达方式，但多数父母比较不能接受。做父母的，总是通过思想意识在选择，所以憨直的孩子所做的都属多余，没意义、没价值。

是啊！撒娇本来就是多此一举，可是你接受了这个孩子，却不接受那个孩子。同样是撒娇，你中意的人撒娇，就觉得他体贴，而你不中意的再怎么对你软硬兼施，你都认为多余。这是人本身的一个缺点；人性皆然。大家都想和你和睦相处，可是为何偏偏有人不得你心?只因他撒娇的手法不合你意，就受到你的排拒。我们人人都有这种倾向。

假如你真的想做个沟通高手，想在人生中获得完美的生活情境，那么就得留意，儿童、少年的撒娇，只要稍微用心即可窥见，但青年人的撒娇比较不容易察觉。青年人的撒娇看起来仿佛男女之情，没错，青年男女当然会相互撒娇，但事实上，其重点不在于谈情说爱时的那种情境，而在于事业上的发挥。这部分其实很少有人留意到。

年轻人从事业上来发展，我们看不出他的撒娇，因为他认真工作，认真创造自己的前途。青年人真正要表现的是一种对社会、人性与生命的关怀和了解，这是真正的撒娇之处。

撒娇是一种感性的生命，若从理性上发展的，就不叫撒娇。前面提到叛逆现象时说过，由于理性发展在前，大抵都用大脑去推理。会叛逆的年龄，不限于十几岁的年轻人，中老年人也会叛逆，此乃因其感性生命成长，感情随之起变化所致。即使他在理性上知道应该怎样，但感性的生命能量成长却无法遏抑，他需要发泄的出口，这时所展现的便是叛逆了。事实上，他是无法在理性与感性间做好调整，取得协调。

撒娇亦然！它属感性的生命作用，它在年轻人的生命里发挥作用时，使年轻人对于自己目标以外的部分所产生的关怀，才真正属于感性、撒娇之处。我们很少留意这一点。有些心智年龄比较长不大的孩子，具备很丰富的感性。他会关怀各种族群，因为其感性生命在年轻时代即发展出来，这是非常好的。他的心智年龄若从事业上来看，相比之下，可能不如责任心重、事业心强的年轻人，但他很能关怀和留意周围的人、事、物，这是他撒娇之处。

事业心与责任心皆属于理性，关怀生命和人性的这部分则属感性。一个人面对人生的种种情境，尤其在竞争的年代，若倾向理性当然比较吃香，可是这种人刚强有余而阴柔不足。理性的人在生活达到某种程度的稳定后，感性的一面便会滋长。此时，人若会倾向于幼稚，重视本身的发展而无余裕关怀他人，那他所表现的撒娇就会很儿童化、幼稚化。一旦他通过强大的生命力表现时，通常就显现出叛逆性格了，但事实上这都是一种撒娇。

一个理性与责任心比较不足的人，从少年开始，感性生命的成长会比较强，他偏向柔性，因而显得比较成熟。感性成熟者，对族群的关怀度比较够，他会把生命能量都发挥在这上面，因此其感性就比较不至于偏向幼稚，比较不会顺从个人的感情去发展。以撒娇的种类而言，这是很特殊的现象。青年如此，中年人亦然。而老年人呢？不外乎同样的状况。

有些人事业一直很顺，财富也好，名望或权力也好，都发展得一帆风顺，然而他若到老年感性才开始成长，那就麻烦了，因为他的叛逆性会非常严重，如果再经严苛的压抑和扭曲，定然变成唠叨的老太婆或老公公。顺带一提，像老年痴呆症，就是因为理性发展过多，而感性、柔性的生命未曾获得发展的结果。

我们在此看到撒娇种类随着年龄而有所不同。我们将进一步谈谈，人与人相互之间撒娇的状况。

儿子会跟父亲撒娇，但你知道吗？父亲也会跟儿子撒娇，只是表达方式有异罢了。有很多父子失和的情况，儿子不跟老爸讲话："看你怎么样！"这其实就是一种撒娇。做爸爸的因为疼儿子，所以极尽委屈。你看这一幕有多好玩！

其实这当中所利用的，无非是人性的弱点。用软的给你好看，其实却是摆硬架子。这当中彼此都会有一些动作，例如儿子跟你撒娇，一再地表达什么，你都不曾留意，那他干脆不读书，让成绩很难看，让学校老师来找你，好引起你的注意，有些孩子甚至故意使坏，让警察局来通知你，看你怎么办。

这些其实都属撒娇的动作。他在跟你沟通的过程中产生不良的状况，于是采取一个迂回的方法来赢过你，这时，为人父母者就要小心应付了。你若懂得好好沟通，问题迎刃而解，但若沟通不良，他便会使出杀手锏，让你好看。那就是撒娇嘛！他不当面和你冲突，他从侧面来，运用人性的弱点，用软的给你好看。这是儿子对父亲的撒娇状况。

至于父亲对儿子的撒娇呢？他用硬的！你不听，我揍你，关你禁闭，不让你出去，再不然就不给零用钱或生活费，或者大声吆喝，这都属不良的沟通术。孩子不听话，定然事出有因。原因何在？我们多半耐不住性子，仔细聆听他们的意见。我们很快就提出自己的意见，强要他接受，他不得不拒绝你，可是他又想让你了解他，怎么办呢？他只好从另一个方向给你好看。

从这里看，其实父子两个都在撒娇！否则，彼此不相理会不就结了，为何还要如此一来一往？这种你来我往的情况，其实是在沟通。这时候就考验着父亲的感性够不够。子女这时候当然是纯感性的，他没什么理性嘛！父亲如果强用理性，便是牛头不对马嘴了。

父子间出问题，其实绝大部分是父亲的错。这样讲好像对做父亲的不恭敬，不礼貌，但这是事实。我们得问问，父亲是否真的有足够的时间和耐性，倾听和接纳儿子的意见？儿子在表达意见时，常常得花很长的时间，绕一个大圈子才能把意见说清楚，而父亲却没有相对的耐性去倾听。

孩子成长的过程中，你尚未教育他、训练他足够的表达技巧。他可能努力表达了五分钟，甚至十分钟，却还没讲到重点，可是你认为他已是初中生高中生了，理应有足够的表达能力，事实不然。孩子们在学校和同侪们所受的训练，父母不见得能了解，所以务必得耐着性子去听他的声音。

母女间的关系也一样。母女通常比较柔性，可是很多女强人或急性子的母亲，却很糟糕。有的母亲干练而犀利，快、狠、准，女儿根本适应不来，因此对她产生厌烦。她才一开口，你就抓她辫子，做女儿的拿你没办法。她觉得很无辜啊！才想要有一点表现而已，可是肚子里几条蛔虫都被你摸得清清楚楚，那她还有存在的价值感吗？所以当母亲的，尤其是能干利落的母亲，必须特别留意了。

另外有一种母亲，也是精明干练，但箭却常常射不准。她心里这么想，但说出来却完全不是那么回事。如果碰上憨一点的女儿也就罢了，反正知道母亲讲什么就过去了，可是女儿如果也属精明能干型，那就两支箭针锋相对了。做母亲的愈急就愈唠叨，愈唠叨就愈失了准头，说了不该说的话，那就麻烦了。

以上都是失调的状况，事实上不仅仅是失调而已，母女间存在着一种同时性，你要讲些什么我大概都知道，而我要讲什么你大概也明了，如果双方都抢着同时表达，冲突便产生，然后便相互排斥了。此即所谓同性相斥，这种情况普遍存在于母女和父子间。

问题不在于讲什么对方都知道，果真如此，理应有共鸣而很快产生共识，为何还格格不入呢？问题就在于子女们另有隐情尚未完全表达出来，结果就被你砍断了，这样很容易造成鸿沟，日积月累之下，子女总有失落之感，而父母本身也觉得好像不得子女欢心。

关键都在这里，你若了解子女没错，就应该让他把话说完，重点在后面他一直讲不清楚、难以曲尽其意的那一段，而不是你抓到的这一段。后面这一段才是他的存在，由于一直没有宣泄的机会，他只好对外寻求出口，找朋友谈，久而久之便造成了亲子间的疏离。

所以，一定要给子女一个撒娇的机会，否则父母与子女间将会愈来愈疏远。

同样的，我们也看到众多心急如焚的父母，为了讨好子女，挽回他们的心，一再地向子女撒娇。他晚归，你炖好了东西等着。难道你不知道他如此晚归，应该早就在外面填饱肚子了？最后你的撒娇落空，当然把自己弄得很幼稚。这当中的关键，其实都在于亲子间没有架设好应有的沟通渠道和技巧。在生命教育的前提下，这尤其是非常重要的一个课题。

我们提到了父子、母女间相处时的那种撒娇现象，其实在夫妻、祖孙之间也有同样的情况。甚至男女们交往时，除了彼此间撒娇以外，对于对方的父母也常有撒娇的情形。但这部分，我们所见者往往都是好笑的情境。为什么呢？面对新的长辈，常常会有相处适应不良的状况。人性，其实是很乐于沟通的，而撒娇则是一个很好的方式，但若运用不当，往往适得其反，加深了彼此间的隔阂与障碍。

夫妻之间，太太对先生撒娇司空见惯，但先生对太太撒娇也是常事。这是人性阴柔的一面，是一种感性的生命作用，而感性的生命作用愈多愈好。通俗地来说谓之撒娇，但其实那是一种关怀。这种关怀并非交际应酬，小孩子的关怀不多，但他很贴心，因为他是真正感性、真正温柔的生命，不是硬的生命。

就夫妻而言，夫妻是一体的。如果先生以太太为主，而太太也以先生为重的话，那么柔性的生命会比理性的生命大得多。然而大家都忽略了这一点，以为夫妻要相敬如宾、依礼而行，所以一板一眼，一直讲道理，最后就离婚收场。道理是需要的，这没有错，但夫妻既然是一体的，何必讲太多道理？重点在于如何和睦相处才对。如果没有这层共识，彼此又为何要结为夫妻呢？

夫妻间互相的沟通协调，非常重要。你会发现，当太太认为有些地方必须表达的时候，那个撒娇的气氛就形成了。她的目的是在试探，看对方如果愿意，她才会慢慢把真实的目的透露出来。做太太的，总是用柔性的手法慢慢将问题引入核心。反观先生这一边，通常直截了当提出问题，有时可能把太太吓一跳。

我们要知道怎样循序渐进把标的讲清楚，特别是某些事情不宜一下子挑明，那么态度就更重要了。所以我们发现，当对方很柔性地在表达问题时，就应该有个警觉："嗯，有事情了，不然他怎么会这样？"下一步是什么？我们得耐着性子仔细听下去，观察其演变。

通常只要是撒娇的，大概都不会是坏事，只不过对方还在摸索，所以要有耐心聆听。如果这时候你太疲倦，嫌烦："啰嗦！有事快讲。"原本一桩美事，可能就在气氛被破坏的情况下弄翻了，再要弥补都很难了。因为对方心里已经受伤害，这是很麻烦的。人家说，杀人以刀，痛在一时；伤人以话，一辈子难以平复。夫妻间尤其要留意这一点。

来自两个不同的世界、不同的家庭、不同的文化背景，彼此要建立一套共存的语言和思维模式，实在不简单。大家各自独立生活了一二十年，突然间凑在一起，你想，要多久才能建立真正的默契与共识呢？所以在这前提下，必得耐着性子。如果说社会的价值观骤然丕变，夫妻无异于朋友，高兴就在一起，不高兴就分开，这哪还有默契可言？果真如此，双方一定一天到晚都在互相猜测，人生至此，岂不痛苦！

有了默契，有了共识，互相依靠的机制才能真正建立，这好比预拌混凝土，水泥、沙子和石子必须水乳交融。夫妻若要建立共识，相互间的柔性往来，应为最佳媒介。能多一分撒娇，就少一分疏离。撒娇，是建立共识的最佳途径，或许离开了这个媒介，别无他途了。

我们看到青年朋友们在谈恋爱时，总是甜甜蜜蜜，因为都在相互撒娇嘛！结婚以后若不再撒娇，就变成了黄脸婆。这一点真是让人遗憾。为什么不能持续珍惜那份甜蜜的撒娇时光？因为，我们疏忽了彼此间存在的那股密力①，这股密力就来自于撒娇。

接下来，要谈的是祖孙之情。祖孙之间相互撒娇的情况是显而易见的。孙子会跟祖父母撒娇，那通常是因为关系较远，比较不容易直接沟通，因此就通过撒娇的方式。跟父母的权威比，祖父母对于孙子通常比较疼爱，也比较不会计较。孙子的撒娇不为什么目的，他只是要大人们了解到他的存在，这时候撒娇情境便自然现前。

同样的，当祖父母遇到挫折或彼此间吵架时，祖父、祖母私下里跟孙子撒娇的情况也自然产生了。老人家的撒娇通常比较啰嗦；孙子的撒娇你一看就知道了，他爬到你身上来，趴着啦或者有的没的讲一些，结果糖果一拿到手就跑掉了，或者跟你要几块钱就去玩了，结束了。可是祖父母对孙子撒娇，是要表达一种需要被关怀的情况，而孙子却常常搞不懂。

这当中，不在于他们要表达什么，而在于表达之时我们要意识到，对于生命的存在，这种柔性的、感性的沟通非常重要。其实也不为

① 密力：深奥隐密，不易为人知的力量，例如如来所具之神通力。

什么，动物们，如猴子家族在一起时，趴在一起，抓抓跳蚤，也不为什么啊！只是相互享受着亲情的喜乐[①]罢了。

感性生命的存在，才是我们人生中的实质问题。今天的社会让我们深陷于理性当中，因而丧失了感性的生命，以至于所得到的理性事业、财富、权力等等都是冰冷冷的、虚幻的。

① 喜乐：人类的心识领纳外境时所产生的欢喜与快乐的感受。喜，谓初二禅及欲界意识相应之心悦；乐，谓五识相应之身悦及第三静虑意识相应之心悦。

第六讲

幸福的钥匙

今天来谈谈“幸福的钥匙”。

幸福，可以说是人生在世，一辈子努力追求的目标，然而大概很少人会认真去思考“幸福是什么？”

大家都在追求幸福，不幸的是，幸福都给抽象化了。幸福是在生活中才有的，离开生活就没有幸福。可是我们忙忙碌碌，失去了生活品质，只剩生存的挣扎，这时也无幸福可言。要了解“幸福是什么？”其实得先了解生命的意义及其组成结构，否则根本无从体会幸福的真义。

首先提到，幸福的存在是依于生命的存在，若未能感受生命的存在，幸福当然不会存在。生命本身有其因素，这并非如物理或化学所谈的那些现象或成分。生命因素在未来的两三百年内，将成为一门显学，大家非得去研究不可。一个人活在这样一个文明的时代，为何还会有那么多恐惧、不安与痛苦？其症结就在于无法掌握生命的因素。

生命的因素该如何掌握，这在将来也会成为显学，吸引众多学者去研究。现在我们先简单提出第一组生命因素，亦即人们起码的生存条件：第一是生存，第二是安全，第三是幸福——没有生存，生命不存在；没有安全，生命是残破的；缺乏幸福，人便有如活在地狱①内。所以说，生存、安全、幸福乃生命中最基础的因素，三者不可偏废。

这三个要素若受到威胁，人生将是不幸的。虽然色身存在，可是却活在灾难和痛苦中，这当然不是大家所期盼的。人间的期望是生存不受威胁，存在绝对安全，幸福绝对受肯定和保障。这三方面若遭受攻击，人活在世间还有何价值？生存之所即成地狱，地狱立刻现前啊！

如果我们活在语言暴力的攻击下，是不是活在地狱里？有位朋友说，某天他接到一通莫名其妙的电话："你给我小心，今天晚上要你的命！"那个晚上他根本无法入睡，后来他报案，警察便派人在他家守卫。

一天过去了，没事，一星期过后，又接一通电话："你给我小心！"别提当晚了，往后一个多月，他几乎无法生活。隔两三个月又来一通电话，你看，他怎么活下去？那么简单一句话，他的幸福、他的生存，都崩溃了。这种威胁是无形的，虽然没有什么实质性的暴力，甚至有点像游戏或恶作剧，但却非常不道德，大大地戕害了人性。

我们在此强调生存、安全与幸福必须受到保障，然而这样放声恐吓他人，我们能奈他何？你束手无策啊！也许他只不过开个玩笑，但这种玩笑对一个人的影响有多么大！这是非常不道德的。

以上所说，盖属生命的基本因素。了解这些生命因素的基本架

① 地狱：又作不乐、可厌、苦具、苦器、无有，乃六道中最苦之处，其位置在于地下，故名地狱，亦称地狱道、地狱趣、地狱有、地狱界。佛经中载有各种大小、寒热、主副地狱，各类地狱皆由众生所造各种不同之业因，而招感不同之果报。

构以后，你才能明白幸福何在。幸福不在外面，就在我们生命里。最贫穷的人也有幸福的一面，因为那是他的生命因素。即使发达的人，也会生活在痛苦里，因为他幸福的生命因素随时可能遭受威胁。可见，幸福不假于外，就在我们生命里。能否让它在人生中显现出来，这一点才重要。

把幸福这个因素寄放于外，就像把家里的钥匙交给外人一样，他和你的关系很好也就罢了，一旦交情变调、走了样，家里的安全与幸福是否立刻感受到威胁？你，幸福的钥匙是要自己掌握呢，还是交给别人？

日常生活中，经常会碰到愁容满面的人，你问他怎么了？他说他的那个人怎么样了……你看他一脸的灾难，显然已把幸福的钥匙交给了那个人。同样的，也有好多人把幸福的钥匙寄放他处，例如车子，所以爱车倘若被撞个凹痕，他心里便很凄惨。你的事业、情人、地位、权力，可能彰显出你的满足感，但要知道，这并非真正的幸福，因为都附属于外在的东西，一旦外在的凭借消失，痛苦便立刻降临，成为不幸的开端。

幸福和满足有所不同。何谓满足呢？譬如吃饱一顿饭、看完一本书、和朋友或情人相聚等等，都会带来一种满足感。由于“拥有”故而觉得“满足”，但这种满足还带有一份占有之欲，只能算是幸福的表象。人生的幸福，并不在于占有，而在于享受，这一点很重要。你若能将占有与享受分开，就会发现幸福与满足有何不同，就能得窥幸福的堂奥。

我们占有时获得满足，但无法占有时，失落感就很重，痛苦于是产生。好了！当你的人生一直想要占有时，痛苦就会常相左右。这是我们人生亟须警惕的地方。

很多人有财富时，一直追求财富，以拥有足够的财富为人生最大的幸福。要知道，这不是一种享受，只是一种满足。你有那个福报能一再地累积、拥有，占有的欲望得到充分的满足，你却错把它当成幸福。你把幸福的钥匙放在财富上了，等有一天财富转空，或者挫折降临，钥匙便失落了。你随着财富的落空而崩溃，痛苦难当，这就是无法主动掌握幸福的钥匙。

幸福建立在权力上者亦然。权力扩张了，恭维、赞美从四面八方聚拢过来，你陶醉在占有权力的云端。你错把占有的满足感当成幸福，周围的人也跟随你起舞，一起陷入那团迷雾。然而一旦你的权力发展受挫，幸福的钥匙便丢失了。满足与占有是相扣连的，它很容易让人迷惑。

幸福是一种享受，只要能享受就好。譬如我没有权力，但看着那些有权者尽量发挥才能造福群众时，我就感觉这权力真美好。虽然我无实权，但却享受到一个人发挥权力的那份美感。这就是幸福！幸福在哪里？在我手里，在我的欣赏与享受里。人嘛，何必非得大权在握不可呢？有权力而运用不得当，反而是一种不幸。无权无势而能欣赏别人运用权力之美，同时也不会有失落权力的痛苦，那才是幸福啊！享受、欣赏他人的能力，或者纯粹欣赏他的无能，你的幸福因素便自然起了作用。

“幸福”与“欣赏”扣连，“满足”则与“占有”挂钩。能洞察这一点，你就会发现真正的奋斗，不依于外在的争夺，而在于内心的祥和。

很多宗教都有所谓的“圣战”①，为了自己的宗教而打杀别人，那不叫圣战。圣战是战胜自己，打败自己生命里的邪恶。幸福正好贴切地说明了圣战的意义，它降伏了我们内心奔腾不息的情绪，使其趋向宁静、祥和与稳定，此即圣战。它是克服生命中的不当因素，除掉那些恶质与杂质，让生命的本质显现。要留意，不管是什么宗教，其所谓“圣战”，都是要战胜内心里的魔业②，让生命中的殊胜因素显现出来，幸福的意义便由此彰显。

一个人向外，就是想占有、拥有，才会感到满足，以此为幸福。可是真正的幸福却不在这个地方。真正的幸福在于克服内心的起伏、躁动、不安，在宁静中欣赏世间、宇宙的一切。我们看到贫穷的孩子们，也有幸福快乐的一面。他穿得破破烂烂，身上脏兮兮，边走路边唱歌，弯身捡个树枝，驻足踢个石头，他安详、自在、享受，他欣赏一切，很快乐。

如果我们污染他，鼓动他去占有、去争夺，他的纯真顿然不见，欣赏的心境转成了占有，他开始学会跟人计较、争吵，原本清纯的美丽心境幡然消失，换上了一副巧取豪夺的狰狞面孔。纯真的人性从此失落了！

---

① 圣战：圣，正也，即证正道。佛教中说，圣战，乃降伏自我之恶，如邪念、恶习、不良情绪，等等，使自己的生命走向光明、幸福。

② 魔业：魔所造作之种种邪业。“魔”字旧译作“磨”，乃杀者、夺命、能夺、能夺命者、障碍，又称恶魔，指夺取吾人生命，而妨碍善事之恶鬼神。凡烦恼、疑惑、迷恋等一切能扰乱众生者，均称为魔。对治魔之方法，或念三归、五戒等，或诵治魔咒，或念佛等均可。又密教修法中，常限制一定之区域修结界法，来防止魔障进入。

我们的知识教育，事实上绝大部分都在污染纯洁的心灵。我们标榜竞争，鼓吹拥有，要成就、要占有，纯洁的生命就在这过程中被污染了。拥有很多，或许经常有满足感，但若只知占有而不懂得欣赏，哪天无常①一起，福报消失，不幸降临，必被痛苦所淹没。

我们为何偏要把幸福的钥匙寄放在外面？为何不自己掌握锁钥，悠游于欣赏的天地，让自己活得青春、祥和与自在？把幸福的钥匙握到手，不要寄托于外在的事相，譬如财富、权力、情人等，否则这一切一旦发生病变，幸福之钥失落，灾难与痛苦便跟着来临。

生命比较肤浅的人，认为“满足”就够了，以为满足即是幸福，其实两者大大不同。任何的满足，即便是草木土石，虽说是大自然的恩赐，但若加以占有，亦须付出成本，只是成本大小的不同而已。成本愈小却能拥有愈多，那是福报使然。然而幸福的欣赏是不需要付出代价的。一棵树很漂亮，你欣赏到了，能感受到它与周围生活环境的种种，那便是幸福了。反之，无法欣赏眼前所拥有的，丧失对周遭一切的感受，你会一直往外求，这时灾难就不远了。

追求外在的，必须一再地付出成本；珍惜现在所拥有的，即是幸福。人，为什么会有外遇？因为无法欣赏现有的。生活中类似的情况很多，你拥有这件衣服不够，还想要更多。你并非真正欣赏那件衣服，而是不停追求满足；你不断地充填欲壑，显然已经掉入宿命的旋涡。其实，这是一种生存边缘的挣扎，因为没有嘛、不够嘛，才会需要。

---

① 无常：无有常住，谓一切有为法生灭迁流而不常住。一切有为法皆由因缘而生，依生、住、异、灭四相，于刹那间生灭，而为本无今有、今有后无，故总称无常。

生命层次低的人，为了生存，必须争取最基本的条件，这个争夺本身是不得已的，无可厚非。然而我们身处物质文明发达的时代，已然拥有最基础的生存条件，理应进一步训练自己欣赏当前所拥有的。否则，老是采取模仿的态度，别人有，我也不能落于人后，因此努力追逐，于是便陷入为生存而挣扎的窘境。你怕无法拥有，怕不能满足，你愈怕，追逐的欲望就愈增长。福报够的时候还不成问题；万一福报不足，遇到瓶颈，那将痛苦不堪。

这种情况相当普遍，但一般人却不自知。最明显的例子，最近香港有位影星，四十六岁，单身，影、视、歌三栖，相当有成就，财产十亿美金，事业如日中天，外表光鲜亮丽，这样的人，你想他有什么苦衷？怎料他忽然爬上二十四楼，跳了下来。他的痛苦谁知？他财富、名声、事业样样有成，但却一点也不觉得幸福，不然何必跳楼自杀。

他拥有那么大的财富，知名度那么高，羡煞多少人啊！这不是很幸福吗？我想，如果这是世间人的幸福标准，那么全世界大概有一半以上的人都得去跳楼了。他四十六岁，美丽的年华，似乎拥有了一切，为何选择跳楼？只因找不到幸福的钥匙。或许他从小就不曾培养过如何欣赏的能力。拥有，不等于幸福；拥有，只是短暂的满足。他有能力再赚个几十亿，但对他来讲，人生已毫无意义！

人，必须认识生命。我们不去谈那些抽象的、含糊笼统的、满足大众胃口的，而是提醒你，必须从生命最深沉的地方去认识自己，乃至他人。当今信息发达，甚至有泛滥之势，随时都可满足大脑的需要，但那种满足没有用，事情发生时，你一样“跷跷倒”，无法真正掌握幸福的关键。

生命的核心是什么？生命的因素有哪些？幸福，是生命的因素，而且是基本因素之一。谈幸福，不是简单讲些表面的满足。幸福感跟满足感是完全不同的，你即使能达成满足感，但内心的忧郁、痛苦指数依然不曾消失，除非你掌握了幸福。而一生顺遂、不曾失败过的人，表面上很幸福成功，痛苦指数却居高不下，最后留了一张纸条就跳楼。这样的不幸，乃是对生命的认识走错了方向所致。他走到满足感的路上去，即便世间眼光看来是光芒万丈，但对他本人而言，适足以成为灾难。

各位要留意，我们现在的努力，就像前面所说的，乃是大脑的知识教育与训练，这对生命其实已经产生严重的污染，让人难以看清人生奋斗的真实含义，以至于步入错误的方向。那位大明星是典型的案例，他的非凡成就为世人所艳羡，他到底为什么受不了？钱太多受不了？知名度太高受不了？还是……？其实，都是因为走错了方向。

他也曾遍访名寺大庙，并且布施做善事。他的生活面相当广阔，以世间人的标准，他是非常健康亮丽的人，可惜他不曾培养出欣赏世界的能力，对于现有的不懂得欣赏，于是没有幸福可言。

拥有了一切，却还无法满足，那正是逼他走向绝路的一个关键。若是拥有少一点，甚或一无所有，或许还不至于寻死。生存条件极差的人很少闹自杀，会自杀的都是过度拥有者。为什么？因为走错了方向，走上占有之路，而不是欣赏之路。

有人说，幸福随着年龄增长，定义也不一样。这句话乍听之下，似乎言之成理。小孩子的幸福是什么？青年人的幸福是什么？中老年人的幸福又是什么？我们脑海所浮现的好像很清楚，率皆不同。好比小孩子的玩具，会随着年龄的增长而有改变。其实，真的是这样吗？我想不是。

正确而言，应该是说：人随着年龄的增长，所追求的满足感也有所不同，但幸福本身是不会有变化的。幸福的追求，人人一致，尽管有民族、历史及社会文化的差异，但幸福是生命的因素，始终不变。若强要区分，也不过在于欣赏能力。欣赏能力愈高者愈幸福，简单来讲就是这样。

为什么我们会感觉幸福有阶段之分？这是因为错把满足感当成幸福感。满足感有阶段、程度之分，但幸福没有。学佛的朋友常有一种情况，未学佛之前光鲜亮丽，珠宝很多，学佛以后珠宝都不用了，转而搜集昂贵的念珠①。这和随着年纪增长而变换玩具的道理一样，仍旧在追求满足。这是满足感的问题，这种人还称不上学佛。

年轻人有了异性朋友，有了感情，有了情人，通常也说很幸福，其实这仍旧不外乎是一种满足与拥有。他拥有感情嘛！他在恋爱嘛！七老八十以后，子孙满堂，那种快乐也属一种满足感。世间话也说是“幸福”，其实只是一种极大的满足感。当然，我们也不反对你把

---

① 念珠：以线贯串一定数目之珠粒，于称名念佛或持咒时用以记数之随身法具，又称数珠、珠数、诵珠、咒珠、佛珠。掐捻念珠而诵咒念佛，能产生诸种功德。其使用颗数有多种不同，所代表之意义亦有分别，而以一百零八颗为最普遍。此外，由所用念珠材料不同，所获功德亦有异说。然无论数目、材质，均应以虔敬为要。

它归类为幸福，毕竟它是一种世间善法①。

你壮年时期，事业顺利，财富裕足，这是拥有，属于满足感。那么未拥有这些的人，难道就不幸福？一个年轻人没有男朋友或女朋友，就不幸福吗？他或许没有那种占有的满足感，但他照样可以活得很幸福。

同样，不论事业有无，财富具不具足，都可以活得很幸福。幸福的人生来自于欣赏的眼光和态度，活得健康、快乐的这种幸福，我想，来得比拥有事业、财富等更重要。

有位朋友告诉我，他参加同学会时碰到这样的情形：有个同学到大陆经商很成功，随后移民至加拿大，经常两岸三地当空中飞人。有一次，他在飞机上中风，导致下半身瘫痪了。然而他无所谓，依然过得幸福快乐，因为他有一大堆健康食品，每一罐都上千块钱，同学会上还对人家猛推荐哪个牌子好。

另一位同学，穷得打赤脚，浑身沾了泥巴，听得哈哈笑："哦！我都没得吃，那个要不要钱啊？""当然要啊！而且还很贵哩！"穷同学打趣道："原来没钱还没得吃呢！"

你看，穷同学在乡下种田，成天打赤脚，他没什么钱，却健康得不得了，哪需要什么健康食品！事业成功者，忙碌奔波，结果中风后猛吃健康食品，甚至引以为傲。他拥有嘛！他满足啊！他由炫

① 世间善法：世间，时间和空间之综合，即宇宙，亦指被烦恼缠缚之三界及有为有漏诸法之一切现象。又因"世"有迁流之义，"间"为间隔之义，故与"世界"一语同义，包含有情与国土（器世间）二者。凡夫众生一切生灭有漏之法称世间法，其合乎于"善"之一切道理，如五戒、十善、三学、六度等，称作"善法"，而五戒、十善乃世间善法。

耀自己的拥有而感到幸福。其实那并非真幸福，只是满足罢了。

乡下打赤脚、种田的同学，什么都不懂，什么叫飞机啊？只见在天上飞，却从来没坐过，听得一愣一愣的。听说吃那么贵的东西，更觉得莫名其妙。他没钱，但他健康，所以也没有吃那些东西的机会，难道他就不幸福？不！他根本不用担心什么心肌梗死、血管堵塞，只知晨起而作，日落而息，回家看看电视唱唱歌，一夜安眠到天亮。他幸福、快乐得很！

拥有是满足感，和幸福大不相同。懂得欣赏便是幸福！日日对着青山，有明亮的阳光、清新的空气和无私的大地为伍，很幸福！欣赏了这些，不为所动，更无须炫耀，在质朴的生活领域里，已然拥有真正的幸福——那是幸福的本身，而非依于外物的满足。当你拥有很多很多的时候，幸福的钥匙一不小心便会掉落于外在的环境中，让你怎么找也找不到。

从前述的例子可以看得很清楚，事业成功者拥有得太多，幸福也容易顿然失落。姑且不论中风、半身不遂所引起的痛苦和紧张，想想，如果让他突然再碰上一次，怎么办？他因应得过来吗？

对于生命，我们应有所认知，它所指的究竟是什么？

我们迭经染污，往往对生命丧失了认知的能力，以至于步入歧途，转到占有、满足感的路线上去。那是一条迷惑之路，上去之后就浑然忘我，不知所终。而幸福呢？

幸福是真正的生命之路！期望大家再也不要依托于物质领域，活出自主的人生观来，如此才能真正掌握幸福的关键。

第七讲

色的问题

这个单元要来谈一个争执性非常大的问题，我们把题目定为“色的问题”。

食色，性也，自古有之，然而知识发达迄今，却多热衷于揭露食的面貌，而多冷落色的问题。其实，色的问题乃生命教育中极重要的一个环节，但宗教界、道德界对此向来讳莫如深，能避则避，好像谁一碰触到此，谁就会倒霉似的。今天我们很坦然地来面对这个问题，很正式地为各位探讨生命中非常重要的一块园地。

1994 第二届国际人口与发展会议在开罗召开，会上美国政府拉拢其他一些国家，提出以下四点主张：第一个，它主张堕胎为人类的基本权利；第二，女性可以决定胎儿的生存与否；第三，“孩子”可以享受性生活，也可以反对父母的意见；(至于“孩子”的年龄界定是几岁，我们就不知道了，至少我尚未看到数据）第四，夫妻关系视同合约关系。这四点主张对于传统社会的标准来说，可谓一大打击。这个会议的记录一公开，几乎在世界各地都引起不同一般的回响。

我们不去论赞成或反对，但借此了解这是一个潮流。既然是全世界第三届人口会议提出的主张，我们就必须去面对和仔细探讨。当世界潮流走出这种状况时，我们该如何去面对？

以往农业的时代，社会的价值观大至如此就可以作为当时人格、道德或社会的基础，并且发挥很大的作用，稳定了人类数千年生存的共同蓝本，虽称不上完美，但也为历史作了很大的贡献。然而时代不一样了，资讯发达，工商普及，而且教育广泛提升，各种科技、知识迅速开展，整个社会伦理、道德骤然丕变，远非从前封闭的年代所能比拟。如果我们对于这个结论轻易加以否定的话，那么请问，新的道德观与伦理制度将如何建立？总不能再奉古代旧有的制度为圭臬、为标准吧？那是不对的，因为时代已然有巨大的改变。至于这四个结论是否绝对正确，我想应该冷静、客观地予以检视，不要一味地加以反对或盲目接纳，两种极端都不可取。

我们所提出的这个问题，大家向来都不愿轻易去碰触，像我们这种出家身份，要是多讲几次，人家不指责你花和尚才怪！既然人人都避而不谈，你为何启衅，挑起话题，不谈不就没事了吗？

不！因为在生命教育的领域里，这个主题是不可避免的。姑不论这四点结论对不对，我们就由此四点反观回来。一个身心健康的人，对于色这个问题该如何处置？不要依循旧有的标准，随便捏个道德教条就贴上去。仔细想想，你的身心有什么变化？有什么情况？站在生命的平台上来看，应该如何处置才对？我们应该以这种态度和立场，冷静、客观地看待这个问题。

这当中，反对声浪最大的，大概是有关堕胎的部分。它揄扬堕胎为女性的基本权利，这会对传统造成多大的震撼？我想，这是基于道德的考虑，但其实还有很多空间可供讨论。然而第三点，它容许孩子们享受性生活，那问题可就大了，做父母的对孩子该怎么教导？

假如为人父母者不能正视此一问题，始终将孩子当成婴儿一般，说不行就是不行，规定他结婚后才能尝禁果，我看也会衍生出严重的问题。孩子成长到了什么阶段、什么程度，你该如何教导他面对性生活？如何拥有一个健康的身体、心理，来面对“性”这个问题？如果我们无法给予正确的指导，那么，放任其参与外界泛滥的性生活，我看更加危险可怕。若能施予正确的教养，指导他一个正确进行的渠道，这不是一桩好事吗？

我们对此持反对态度，通常是出于情绪，因为这个问题会威胁到父母在家的权威。这也同时让我们意识到自己是否也将子女视为自身财产的一部分，抑或将其看成生命独立的存在？我想，这两种不同的基本态度，关涉到我们对人性截然不同的看法。

今天知识发达以后，人性之所以消失的原因在哪里？大概在于我们完全以自己的想法来看待生命。孩子此刻在我身边，我有没有很严正地将其视为独立的生命体？我曾说过，孩子才是家庭真正的主人，爸爸妈妈不是。所以从本质上讲，孩子不是父母亲的附属品，孩子是独立的生命存在，任何人都必须予以绝对的尊重，否则生命的权利就会受干扰。就生命存在的立场，这是我们所不乐见的。

第四点提到夫妻关系为合约关系，这对于传统的伦理和道德标准，实为一大挑战。合约是随时可以修改的，如果这样，问题就来了。因此，卫道人士群起攻之。这也是人类的思想意识无法一下子翻转过来接受新模式的缘故。

我们就来看看，这新、旧价值观之间到底有什么不同？关于此，旧价值观也有四点结论，第一是要圆满夫妻的情爱；第二是要绵延子孙后代；第三主张养育、教育子女成为有用的人；第四是年老的人能有下一代可依靠。这部分我们也必须提出来，和各位探讨一下。

夫妻情爱圆满是个理想，我们也知道夫妻相处应有共识和默契，但问题在于缺乏婚前教育。圆满夫妻情爱并非口号，它是生活中的一个实际过程。由于欠缺婚前教育，男女双方的责任没有养成，且无法独立，各自活在自己的世界里，以致冲突不断，那要怎么去圆满呢？没有那个教育，缺乏疏导，又无相应的制度或措施，光要谈圆满，怎么圆满？而圆满夫妻情爱必备的条件是什么？这些都没讲，那要怎么进行？

如今离婚率愈来愈高，单亲家庭愈来愈普遍。这种状况下的伦理教育，其实已经开始对子女产生副作用甚至伤害了。因此，我们必须严肃地来审视旧有的道德与伦理制度。我并不是要反对，而是主张要有因应的办法。

第二，绵延子孙后代。这也没错，传统就是这样，尤其我们华人社会主张“不孝有三，无后为大”，但今天不想要后代的人相当多，因为养了子孙，负担很大，无怪乎绵延子孙后代会变成一个时尚议题。如今到底是不是要继续维持旧有的伦理，这也属道德律的部分，有待社会学家或思想家去深入探究。

第三，教养、教育子女成为有用的人，这已经跟基本定义有些出入了。把子女教养成有用的人，那是父母们望子成龙、望女成凤的基本心境。可是这有个前提性的问题，即所谓“有用”的人并不是由父母自己定义的。子女是个独立的生命存在体，所谓教养也不是用你的思想意识去要求他，而是在整个成长过程中，你如何引导他认识自己与周围的人、事、物取得圆融。这部分如今都必须重新来过。

第四，年老的人能够有下一代可依靠。我们认为这个很重要，因为老年人要有晚辈亲人一起生活，才有安全感。假如你把他送到养老院，那养老院的制度是否完善呢？是否有足够的体贴心态？若是没有，就如同将老人弃养于新时代的弃老国，任其自生自灭，那就成了人类的悲剧，生命尊严将荡然无存。

当然，我们也看到整个社会、制度与价值观都在改变。一开始提到的人口会议的四点决议，与后面这四点传统的主张，也几乎没有矛盾或重叠之处，我们应该认清其立论点的不同，然后加以融会贯通，令其圆满才是。

旧的价值观论述，是以家庭为单位，而新价值观（人口会议的四点结论）是以个人为单位立论的。各位应留意其不同之处。如以家庭为单位，首先得探讨家庭是否建立了起来？我们是否视家庭为人生的舞台？前面提过人生舞台与事业舞台不同，而我们所犯的通病，就是错把事业舞台当成了人生舞台，结果事业一失败，家庭也跟着赔进去了。家庭的人生舞台如果能单独建立起来，那么要圆满夫妻情爱，绵延后代子孙，教养子女为有用的人，且让老有所依，这绝对没有问题。

因此，在旧价值观里的四个标准当中，率先要求的就是家庭制度的强化与巩固。大多数人未来势将组成家庭，唯有如此才能使社会安定。然而新的价值观并不以家庭为重，因为这样容易使子女成为家长的附属品而难以独立，所以，它从个人角度出发，视每个人为独立的存在，因此对子女必须绝对尊重，这一点是新价值观最重要的特色。

第三届国际人口与发展会议所作的结论，是以个人为基本单位，不像旧价值观以家庭为基础。一旦以个人为基础单位，就必须追究个人的独立性如何确立，但它并未针对此而在制度建立的层面上多所着墨，只强调朝此方向进行。结果，由此衍生女性堕胎的自主权，以及子女拥有性生活的个人权利，这种独立性直接挑战到父母的教养权。

至于夫妻的合约关系方面，我们看到很多等到子女已经长大、独立后才吵着要离婚的老夫老妻，问题出在哪里？即使老人有下一代可依靠，那他依不依呢？若不依，将来怎么办？由于我们的家庭制度已经濒临破碎，所以夫妻间确实流于合约关系。如果你认定夫妻关系不该如此，那就必须顾全家庭制度，所以真正出问题的地方是在家庭制度，而不在于提倡个人为基本单位的是非对错上。

了解到前面两种新、旧价值观的不同以后，我们也进而发现一个严重的冲突，即旧价值观认为新价值观是建立在低层次的欲望满足上，目的在激起性的冲动和幻想。我想，这类批评或许有点太过。前面提到，新价值观是以个人为基础单位来构想人类的生活状态，旧价值观则是以家庭为基础单位来构想。两者凭借的基础不同，衍生的结果自然有异。

我个人认为，第三届人口会议的重点是在人口的问题上。旧价值观以家庭为重，我们也不否认其重要性。然而家庭到底存不存在？

如果存在，如今又变成什么状况？就现实的社会现象观察，这一点确实令人忧心忡忡。如果我们还要坚守旧价值观，那么家庭的重整、重建，婚前教育及家庭教育的建构就变得非常重要，否则，强调要通过家庭来维系伦理与道德，根本是缘木求鱼。

如果说家庭已经破碎、不存在了，那再怎么强调旧价值观也是空谈，反不如新价值观从个人立场出发，重视个体生命的独立性，较为实在。我们先确认生命的诞生与存在，由此认知堕胎到底恰不恰当。我想，性的教育更为重要吧！你若认为堕胎不当，女人、母体不能任意杀死胎儿，这时性生活方面的教育，我想是绝对必要的。

现今社会到处充斥着性生活所用的道具，包括保险套等等，我们发现那些东西真的是在激发最低层次的欲望、刺激性幻想。这时候，适时地推动性生活的教育及其应注意的事项，从个人教育着手，实为重点。若是迎合流行，在公厕里挂上保险套售货机，这无异于鼓励无节制的性行为，当然属低层次的性欲望是很不当的。

如果要以个人生命的存在与独立作为社会的基本单位，前提是必须推动数项基本教育。从小孩子开始，性教育是绝对需要的。就一个身心健康的孩子而言，他什么时候开始有了性冲动？是主动的还是被迫的？类此方面的教育非常需要。

我们现在有没有这样的教育呢？假如这种教育还不够，那么贸然提出，便易造成社会不安，这是很重要的前提。而以旧伦理来论，重点则在于如何建构家庭。就新伦理而言，怎样对个人进行完整的教育，这不光针对小孩子而已，对成人也一样重要。另外，小孩子是弱者，一旦受到欺负，谁来保护？尤其当今社会环境日趋复杂，曾有未成年少女莫名其妙生下婴儿就原地乱丢，这证明了父母亲对子女的关怀不够。学校也好，家庭也好，都没有对孩子的性生活施以足够的教育。

身为家长的大人们，还有学校，其实都应善尽监督之责。可是哪一方敢光明正大提出这方面的责任呢？不敢把这种最私密的问题提出来面对，大家都别别扭扭、偷偷摸摸地进行，如此一来，若主张以个人为基础单位，未免言之过早。

因此，在这新、旧伦理交锋的过程中，我们必须赶快调适。如果要走新伦理制度，那要留意如何推动这方面的教育？假如走旧伦理路线，以家庭为重，诚然比较好推动，因为家庭迭经演变，早已臻至成熟阶段，可是其中却也隐藏着一项危机：我们往往视孩子为父母的私产、附庸，孩子生命的独立性与成长的可能性就会被抹杀掉。历史上虽不乏违抗父母之命的案例，但所造成的悲剧也不少见。

如今，家庭制度和伦理本身都隐含着极大的危机，这在东、西方社会皆然。设若要从旧伦理下手，以家庭为单位的话，则亟须建立家庭教育，尽快重构家庭制度。最好的情况是：在家庭制度的结构下，个人教育获得充分的满足。不然，以个人为基本单位的新伦理观，也将如半空中的浮萍，因为它没有任何凭借可以对个人施予教育。教育的工作谁来进行？谁来担负这个责任呢？很显然，就是家庭。如果说，要由外人来负担，还会衍生出一个问题：孩子毕竟是弱者，碰到陌生大人时那种莫可名状的压力，他无由排解或克服，更无力抗拒，万一他受到虐待，或者承受严重的心理压力，我想会是一生难以磨灭的伤害。

要以个人为单位作为社会的新标准观念，我认为不难，但前提是一定要有健全的家庭教育为基石。事实上，新、旧伦理制度应该可以合璧，其关键就在于家庭结构如何重建，家庭教育及婚前教育如何推动；同时，对于子女生命的独立存在，如何给予尊重。这样一来，家庭与个人主义都可以兼顾了。这对我们整体社会结构与伦理道德的重整，具有绝对的帮助。

第三届人口会议所提出来的主张，大大震撼了社会的视听。一般舆论的反应，多认为这是自由无限上纲、为所欲为的论点。事实果真如此？我想一群世界精英与社会贤达齐聚一堂，应该不至于纯为促进最低层次的欲望，而甘冒颠覆传统价值的大不韪。他们应该具有足够的认知，才认为以家庭为基础单位已不合时宜，故须以个人为基础来重构新的社会秩序和人口政策。这部分若从人口政策的立论来推衍，可能比较具有说服力，但若纯以社会的伦理观和道德观来检验，当然引发轩然大波。我们在此不作论断与批评，只提出呼吁：应该慎思如何重构家庭的制度与伦理。

第三届人口会议所提出的四项结论，为何引起那么大的反响？尤其是来自卫道人士的攻诘，并非从人口政策的角度，而多半放在情色爱欲的脉络中来解读。卫道人士认为其结论只会激发性冲动，只是最低层次的性满足，并指其为性放任与为所欲为。我们发现，他们的反应未必植根于社会伦理，而是从情欲上来立论。但，这是人口会议的结论啊，情欲的问题怎会混进其中呢？可见其内心深处、潜意识里，都已经将这些问题和情、爱、性、欲全纠葛在一起，混为一谈了。

情色爱欲不是不能搬上台面来谈，只是社会道德让人带着罪恶感与羞赧，不敢直接去碰触、谈论，可是背地里却又偷偷摸摸在进行。想想看，到底是社会道德的公论符合真理，还是偷偷摸摸的行为才合真理？假如情、色、爱、欲是人类不可避免的行为，那么应该弄清楚如何面对它，而非视而不见，任其地下化，转变成见不得光的行为。如何去面对，以及如何建立起一套正确的行为模式，恐怕才是真正的重点。

人口会议里提到堕胎、性生活及夫妻形同合约关系，有人便提出反驳说，那是最低层次的满足，是一种激起性幻想的主张。其实，这类反驳在潜意识里才充满着低层次的性幻想，那才是问题的所在。这变成了不健康的行为模式。如今有谁敢站出来，针对此一议题公开辩论，并建立一套正确的行为模式？多数人都躲躲藏藏，不敢加以正视，我们的社会、人性只好继续扭曲，无法建立起正确的行为模式，难以重构新秩序。

在这种情况下，情色问题再度被打压到社会的阴暗角落，沦为黄色新闻或色情行为。这部分是重构新伦理时所必须应对的。有关情、性、爱这部分，基本上绝非遮遮掩掩的论述所能解读，虽然社会学、心理学界和道德家们经常讨论这个问题，但大概都剪不断理还乱。其实，它应该有四部分：情、爱、性和欲望；四者看似分立，实为一体而多面。

我们人生当中，由于知识领域的争战、奋斗，导致生命本身的发展层次产生落差。也许你的理性比较强，感性比较弱，但是当你生活趋于稳定之后，理性的成长停滞了，感性生命却昂然滋长，这时生命结构发生了变化，而你若是处置不当，诽闻产生了，甚至导致家庭的不幸或婚外情等等。

为什么会如此呢？这有待于另辟专章探讨。但今天要谈的是一个严肃的课题：人口会议的这个结论与社会伦理的重构有很深层的关系。然而我们的社会却从情色爱欲上去反应，可见，新伦理的重建尚需一段时日。倒是摆在眼前的这层心理、潜意识对性的反弹，如何加以化导，才是当务之急。这部分有待于各领域的专家们，从法律、心理及社会行为等各种层次来共同厘清。

我们不能轻易否认新、旧两方的主张，旧有的在历史上的成就自有定位，不能完全予以否决，而轻率地推翻新主张，则可能妨碍未来的发展。所以在尊重具有历史贡献的元老们之余，怎样积极重构新时代的伦理，实在至关重要。这里面夹杂了“性”的问题，产生了该谈或不该谈的暧昧。不谈，那是否可以完全杜绝此一行为？这种行为如不可免，那为什么不可以谈？如果无法避而不谈，那又该如何拿到台面上来谈？

事实上，怎么重新建构出一套正确的行为模式，才是真正的目的所在。所谈的目的若不能建构出新时代的行为模式，所谈便毫无意义。如若不谈，正确的行为模式也无法架构、无由建立，乃至于大家对这领域的问题，终必抱着暧昧的态度或莫须有的罪恶感。那是很麻烦的事，因为道德界某些人将持续拿它作为一个媒介，偏偏人们又无法从生活中将之彻底剔除，因此反而让人惶惶不安。

那么，身为人，究竟该如何看待之呢？人之大欲，是不容侵犯的权利还是人类难以逾越的罪恶？现在，我们已经走到这样一个分水岭，来到一个重要抉择的十字路口，若是转错方向，我们本身及后代子孙可能都将为此一错误付出重大的代价。

第八讲
情性爱欲色

情性爱欲色，是当今社会最敏感的话题，也是大家好奇又不敢明说，却暗地里偷偷摸摸进行的美丽话题。上一回已经谈过“色”这个问题。从第三届人口会议的结论中，我们看到某些社会舆论对其大加挞伐，其实这种反应已经透露他们在潜意识里，把情爱与性，界定为所谓低层次、导引社会堕入性幻想等罪恶的渊薮。

生命中有关性和色的部分，到底是人类不容侵犯的基本权利，还是社会道德所认定不容人类逾越的禁地？我想，这是目前社会普遍存在的矛盾情结。理论上，任何二分法都不对。你说它是人类的基本权利，可是当男女间有一方是弱者时，该怎么办？谁来保护这个弱者？再则，说是禁地，却往往偷偷摸摸地进行，如果带着这种罪恶感，回归所谓的基本权利，那又该做何处置呢？这当中的矛盾是不是显而易见！因此，有关性和色绝非二分法可辨，而是要拥有正确的思维模式与行为模式。

社会上有关这方面的语言表达皆极端不合理，你问可行不可行？人人陷于云里雾中，没有答案，反正只要是别人就都不对，换成是自己那就不知道了。

我们无法在公开场合谈论，那只好私底下进行。可是这样一来，道德论的运作者又会利用它来作为谋利的工具，于是乎，很多人在这无厘头的情境中平白受伤，真是文明社会的不幸。我们应该勇于面对，并好好地来探讨这个问题。

从生命本怀来看，情、性、爱、欲、色应该颠倒过来，以色、欲、爱、性、情的次序为发展过程。色是总说，食色，性也，食是生存，色属另一块园地。食这生存的部分，即知识领域的发展，是为了挣一口饭吃。古人田耕渔猎就足以安身立命，如今时代丕变，挣一口饭吃已经发展成对财富、权力、名望地位的无止尽追求。至于情爱，当然属“色”的园地，人类的大脑与知识，至今只擅长耕耘财富、权力和斗争，而无法仔细耕耘这块“色”的园地。

人类的大脑一触及情、色，便容易误会丛生。掌握权力可以为大众服务，权力本身不无不妥，可是大脑一触及此，变质为争权夺利，那就非常糟糕。情色亦然，它是人的基本需求之一，好比肚子饿了想吃，这个状态经过展衍会萌生欲望，若再进一步发展，即达完整的情境。

所谓完整的情境，就是“爱”。以家庭为单位的社会里，爱虽然重要，却容易沦为形式。爱包含夫妻相处的感情、性行为，以及组成家庭的共识。至于夫妻怎么定义，随着时代、民族性等差异而有不同，在此不拟深论。

有爱不见得有情，如果爱和情交融在一起，大概就是大部分家庭的所谓夫妻之爱。成长的过程里，人们硬生生地将生命剖分为两类：一是理性的生命，一是感性的生命。理性生命随着年龄而增长，理性如果不随年龄成长，那么人的特色就会是四肢发达而头脑简单了。心智年龄的发展完满的话，理性会非常强，到了适婚年龄，便会依理性判断去找寻结婚对象。

结婚后或许相安无事，按照目前的社会道德标准，夫妻情爱圆满，即一般所谓拥有幸福美满的家庭，这是有福报的。另一种情况啊！虽经理性选择，仍难以和睦相处，其难题就在于是否还要维系这个家庭。如果要，那又该如何处理？想继续维系家庭，偏偏又无法真心相待，在以往的旧社会里，顶多是貌合神离，而在现代社会呢，干脆离婚收场。

我们的心智年龄跟着生理一起成长，结婚年龄一到就结婚，婚后生活稳定，理性成长通常就停止了，此后，感性生命会接续成长，且成长迅速。好了！这就是“七年之痒”之所由！你并不是真的厌恶另一半，只是因为感性生命快速增长了，你真正的感情出现了，这时的感性生命，大概就如同十几岁青春期的孩子进入所谓的叛逆期。此时，你对既有的东西不会欣赏、不知珍惜，一心只想叛逆而已！

你原来的结婚伴侣不见得就是“情”的对象，但你也不见得不要他。这个伴侣可能无可挑剔，只是你适逢叛逆，不去欣赏。你对家庭若还存有一份责任感，便会偷偷向外发展，夫妻之爱表面上仍维持着，然而你的“性”不在“爱”上面，而是转到“情”上面去了。

你称外遇对象为真正的感情所属，其实说穿了，那只是你的感性生命，是生命成长过程中难以避免的现象。问题是，我们不认识它。这块人性的园地从未有人认真去探讨，大家都压抑着，并视之为罪恶。就社会道德的立场，或以另一半的角度来看，感性生命投射到第三者身上，你便属背叛、不忠。

要知道，背叛也好，不忠也罢，都属社会道德等思想意识，此种行为究属私人权利，抑或社会道德的禁地？其实，男生、女生都有可能逾越，因为这是人在成长中本应经历的一段过程。问题来了！如果我们不能透过人性来沟通，而纯以社会标准来看待的话，那么人的感性发展便会伴随着一种败德的罪恶感。将这种生命成长的进程视为罪恶，岂不是对人性的一种无端伤害？

我们遭逢这类问题，总是束手无策。人人都以道德来规劝，望你回头是岸①。这时候，你只好把成长的感性生命强自压抑下来，如此一来，你的人性是否受到扭曲？如果你懂得移情，将感性生命寄情于山水或艺术，尚属幸运，万一得不到疏导，那将造成一辈子的伤害。

情和色，这两大壁垒都是生命成长过程中必须小心翼翼去开发的。可惜牵扯到道德思想意识，迫使人们避而不谈，遂而不能将这部分的生命朝积极面去发展，结果为了避开罪恶感的骚扰，于是倾注所有生命力于知识的领域，最终知识成长了，大脑的运作创造了众多的人为奇迹，但始终未曾真正解决人生的幸福问题，反而痛苦更甚。为什么？因为还有这么一块情、色的园地，始终不敢去触动。

感性是温情的泉源，科技物质文明发展以后，人类压抑感性生命的发展，导致温情薄弱，人性流于疏离、苛薄、冷漠！住在人口稠密的大城市里，可以对面不相识。以往落后时代的农村里，一有人往生，全村居民都会投入帮忙，视同己事。今日也许某邻居已死

① 回头是岸：回头，表示醒悟、悔改。比喻作恶之人，一旦悔悟向善，即能得救，获得良好的结果。“苦海无边，回头是岸”为佛家劝人改过向善之常用语。其中之“苦海”，于佛教中指各种苦难之世界，亦即生死轮回之三界六道。众生沉沦于三界之苦恼中，渺无边际，犹如沉没于大海而难以出离，若能忏悔、修行，便得救拔，登于彼岸。

亡多日，你还问他在吗。这都是理性发展太过，感性发展受到压抑所造成的现象。

生命成长的过程，先有理性的多，感性较少，待理性成长至成熟阶段而暂停，感性生命才成长。这个的过程透露出一个隐忧，也就是人类生命发展的“跛脚现象”，类似小儿麻痹症，一脚正常发展，但另一脚却萎缩得厉害。萎缩的部分该如何处理呢？让它发展，让人们拥有情色的正确行为模式。

宗教通常鼓吹禁欲①，怕犯戒②，所以禁止情色行为。一个身心健全的人碰到这种情境，该如何处置呢？有没有其他方法可以替代，或只能一味地压抑？

今天大家都避讳此一问题，这样还能指望建立起正确的思维模式吗？表面虽然禁止，可是满脑子都是这个问题，甚至偷偷摸摸地进行此事。我们发现，人类的很多不幸便是来自于道德思想意识的限制，导致人人都在逃避。连谈都不敢谈，思维乱无章法，观念岂能无误？行为岂能不出错？事实既然存在，基于生命教育的立场，我们就必须去面对，不能逃避。

自由开放的社会里，应该很明确地提出建设性的意见，帮助整个社会建立起一套健全、正确的思维模式，以此为基础，想拥有健

① 禁欲：压抑肉体与世间之欲望，以期达到精神上的理想境界之行为。禁欲之种类极多，或积极奖励肉体上之苦行，或否定肉体，否定现世，而总以求取来世的、彼岸的理想之实现为其宗教日的。西洋中古时代之基督教僧院即主张彻底隐遁之禁欲生活。印度耆那教亦认为断食为获致解脱之最佳途径。

② 犯戒：触犯佛所制定的戒律。戒，意指行为、习惯、性格、道德、虔敬，乃防非止恶之意，不但恶事不可作，恶念亦不可有；又名清凉，以人能止恶行善，则必心安理得，俯仰无愧，故心无热恼而得清凉。

康的行为模式也就不远了。在谈论情、性这类议题时，我们倒是期望大家认知到这是人性中必然的权利，既不容污蔑、侵犯，更不必视为洪水猛兽或不可碰触的禁地。

之前提过，婚姻生活趋向稳定以后，感性生命会成长，乃至引发中年叛逆。中年叛逆啊！需要有相当大的勇气。到了中年，已有足够的社会基础，孩子也已经成人，他竟然还敢叛逆，可见他遭遇到的是心理与生命成长过程中的一股极高的张力，这股高张力会促使他不惜一切代价付出。因此，我们必须好好沟通，否则后果堪虞。一旦认知到其为人类存在的一项不容忽视的权利，便会给予尊重，善加疏导，使其得以坦诚地提出意见和感受。

情色爱欲性其实并不那么简单，它还涉及同性恋及其他疾病的问题。这部分，我们要如何去克服呢？此非三言两语所能道尽。同性恋已经获得某些法律的认可，甚至还可以合法结婚，但此处不是要讨论其合不合法的问题。同性恋者在法律上自有其人权，无须加以轻蔑或藐视。然而同性恋对于一个人的人格塑造究竟会不会造成影响？其实都还没有人认真研究过。

我们必须留意，同性恋者的生命成长过程，是否有角色错乱的情境？如果他视同性为异性，或将自己当成异性处理，这可能就牵涉到人性的某种扭曲了啊！我们凡夫是看不到的。既然是扭曲，就会有所隐瞒，一旦有所隐瞒，你根本无从察觉与处理。

人性本身的健康，是人生的重点。如果人格本身受到伤害或被扭曲，真正的问题便产生了。这时候既不是什么同性恋或情欲的问题了，它已经牵涉到最根本的人性问题。所以探讨这些问题时，没有赞成与否、开放与否的问题。真正的关键，在于人类生命的存在与成长是否遭受摧折、伤害，这才是重点。

一个人从小到大的成长过程，究竟发生了哪些事情，绝不是我们以后见之明即可窥全貌的。我举过一例，小孩子在外面玩，看到爸爸下班回家，高兴地跑过去想抱爸爸。那个爸爸一身西装笔挺，想到明天这套服装还要穿，眼看着小孩满身是泥，又是口水又是鼻涕的就要爬上来，他怎么反应？“停！站好！”然后用很粗鲁的动作去把小孩的鼻涕擤掉，你可知道这时候小孩子的失落感有多重？那个失落感是一个伤口啊！也许永远都无法弥补了。他可以赚很多钱、集所有名望、地位、权势于一身，但他就是无力满足这幼龄稚子心中的失落。

这只是一个简单却普遍存在的例子，用来提醒诸位：我们的成长过程中，可能失落、压抑了，以至于温暖的人性无法成长，导致人格的冰冷和瑕疵，这样的人性是有伤害的。此时要如何去沟通，就非着眼于单纯的情色问题。那是人性深处的问题。唯有先恢复人性的健康，才有可能很健康地去面对食、色、性等人之大欲。食、色等问题，如果是在最基础的人性上就已经受到伤害，发展到后来，根本无从察觉是哪里出了问题。

所以，就最基础的人性而言，我们期望人们有健全的家庭。在尊重个人存在的前提下，才能将人格完整地架构起来，唯有如此，人性才得以充分舒展，进一步才有完美的人格性可言。否则，人性一旦受伤害，为了获得弥补，他在社会上可能通过极端理性的行为去取得满足，届时产生偏差，事业就算再有成就，权力再大，都将无法弥平内心的缺憾。

我们一再强调生命教育的重要性，人性通过沟通可以达到圆满。这包括两个部分：一个是外在与人沟通的部分，牵涉到社会价值观，包括道德与伦理等等；另外一部分是本身内在的一个平衡点，亦即个人生命有其隐私权和生命空间。有些人为了与群众、族群互动融合，因而一再压抑和扭曲自己，将本性销蚀殆尽，这是不当的。另外有些人则只管自己，否定了整个社会，这也属偏激。理想的状况是在两者间取得平衡点。这种自我沟通若发生了问题，人生观便会导向偏激。

关于外在与人沟通的这一项，我们谈得比较少，因为它属于道德学、社会伦理的部分。如何尊重、恭敬他人，这其实随着时空、民族性的差异而有种种不同的标准。这属世间法，而不是真正的出世间法。它并非真理，真理在你自己内心里，如何从中取得平衡点而独立于人生舞台，然后又能与他人有非常好的协调与互动，这才是我们所须努力之处。

人生的平台上还有一个极有趣的现象，那就是每个人都自以为了不起，那就很容易在某个关键上产生严重的误差。为了成长、为了自保，一直挣扎于生存的边缘，这不仅是危机，而且是灾难。因为当他发觉问题的时候，尤其福报大者，到最后问题发生时，恐怕才惊觉一辈子已然空过。

很多人把生命中至为重要的感性生命隐藏起来，他想通过外在的满足来弥补，想从理性的生命中得到幸福，结果事与愿违。而人类如果想要直接从情色来感受幸福，事实上也不容易。因为人类在这块园地的开发与探索，尚属草莽阶段。人类的理性知识已达成熟阶段，可是感性的部分却是停留在民智未开的草莽阶段，因此即使他想通过感性来获得幸福，事实上却仍是用理性生命的手段与模式。很多人谈什么是感情，其实他还是得借用知识来谈，他所得到的不是真感情，而只是一种知识。

举例来说，我们发现通过语言沟通、讲道理而欲解决夫妻问题，很难！最后不外一个结论：离婚！为什么？因为感性的东西不能讲道理，你用理性的方法处理感性的问题，怎有可能得到幸福的结局？这是关键所在。绝大部分的人，其感性的沟通都用隐瞒的方式，因为社会施以强大的罪恶感，既然这样，又有谁敢去碰触这块禁地呢？乃至于一碰到沟通的局面，唯有隐瞒过去，有的是故意，有的是潜意识作祟而非蓄意隐瞒，可是社会道德观就这样蛰伏在潜意识里，驱使他虚应过去了。这是一种绝大的不幸。

人类若想要真正达到幸福美满的境界，感性与理性的生命必须同时教育。在教育的过程中，家庭就是最基本、最不可或缺的单位。家庭，对于每一个构成分子必须给予绝对的尊重。组成一个家庭，在婚前必须先接受足够的婚前教育；走入婚姻生活后，要以对方为主、为生活重心；当孩子出生了，他就是家庭的主人。这样的认识与尊重，是到达幸福美满之境的关键。

我们的社会若能建立起这样一个机制，不仅是个人的幸福，同时也可以因此建立美丽的人生、美丽的新世界，造就众人的幸福。

当今社会倾力重视的，唯知识教育。在知识教育的领域里，聪明干练、敏于任事等种种所谓的强者、经理人，率皆属识性或理性发达的人。他们不但反应快，效率也高，是成功者的表率。然而如果从生命的立场来看，这些人却是一点也不满足、不快乐，而且业力深重！这是忽略生命教育的结果。

我们因此严正地呼吁正视生命教育的重要性，否则社会上经常有引爆之虞的地雷。为什么会这样？因为我们的人性有缺憾，偏废于一边，一味地朝知识领域发展，以至于感性的生命难以增长。感性的生命若要增长，就必须勇于论述有建设性、有责任感的理论，借以重新架构健康的思维模式，如此才可能进一步地在感性领域里，建立正确的行为模式。

我们的感性生命如果也能和理性生命一样，臻至成熟的阶段，那就可以真正悠游、感受理性生命所带来的物质文明的成果。我们有那么发达的物质文明，委实感到庆幸，但真正珍惜者有几人呢？大家都为了明天要更好而一直活在理性的逼迫中，虽然创造了巨富、掌控了大权，心却冰冷荒芜、苦闷不堪。这种痛苦、恐惧和逼迫，唯有通过感性生命的温暖润泽，才能让干瘪的一端丰润起来，偏废一隅的思想、行为才得以导正过来，人性方有回归中道的可能。

走上了中道，理性与感性的均衡发展就迎刃而解。物质文明的高度，可以透过感性的能力欣赏；感性上的觉受力，足以让人深深感受到幸福的存在，无底洞的欲望追求遂得以停歇。

最后，我们衷心期望感性生命和理性生命同时圆满，以成就美丽的世界，通往真正的净土。

第九讲

生命的因素有哪些?

我常常提到生命因素，很多朋友好奇地问我：“生命因素究竟是什么？有哪些东西？”谈生命因素，跟谈物理、化学、医学等问题不一样。生命因素系针对生命教育而提出的，这是个关键。

其实，生命教育是人类最原始的一种教育方向，自古以来，人类便如此相因相循，并无特别的教材。通过前面的分析也了解到，传统因素已经勘定，家庭是生命教育的舞台，通常我们都称之为家庭教育，至于教育些什么，因人而异，没有系统可言。社会通常负起了家庭教育的标杆，传统社会里，野台戏就是一个很好的教育所，它教导忠孝节义、做人处世等，大家就从看戏的过程中学习。

野台戏原本是在庙埕前面演给神明看的，但实际的观众却是广大的群众，以前的人多以此为渠道来学习。平常若是有事，会到寺庙里咨询住持，他们就负起了生命教育的责任。

生命教育尤其是在物质文明昌盛、知识教育发达以后，更形没落了。现在还有谁会去看野台戏呢？遇到难题，谁会去请教住持呢？很显然的，我们的生命教育早已经被知识教育所取代。

以前文盲充斥的社会，读书人不多，生命教育反而鼎盛，如今知识普及了，真正碰到问题，不找住持，倒是四处求神问卜，相信那些算命先生。生命教育能真正为你解决问题，你反而不屑，为什么？

都是知识教育强烈的目的性使然。

从政治上来谈名、利，那就很清楚了，都是为了拥有更多财富或更高的权位，同时也以此来衡量一个人的成就和价值。然而，生命教育的标的日趋模糊，是它走向没落的重要因素。

生命教育的标的事实上是很清楚的，我简单地划分成三组来介绍。

第一组，我称之为基本因素，包括生存、安全与幸福。生命当中，这三者缺一不可。其中只要有任何一个遭受威胁或破坏时，就会对人性、人生顿然丧失信心，甚至于走向灾难。

由于我们对生命因素的存在都未详加分析、了解，因此普遍地无法肯定人性。社会上很多的人基于自身安全、生存与幸福的考虑，所以善变、讲话不算数，广大的群众也跟着无所适从，不知所措，因而完全丧失信心。你今天的承诺，也许明天就不算数了。这种情况下，我们无法对人性赋予信任和寄托。人一旦失去信心，所彰显出的人性形态就是不稳定的。这叫基本因素，非常重要。

除了上述的基本因素之外，另外还有两组，各有特殊之处，等一下再为各位说明。此刻所要谈的生命因素，并非不存在，而是未曾充分发展。传统的生命教育没有系统化，讲来讲去无非忠孝节义、三从四德等等，演变到极端的结果，就是把整个生命教育都扭曲了，摆脱不了知识教育的范畴。于是，当知识教育发达起来以后，生命教育便跟着一败涂地。

然而，这并不表示生命教育已经过时了，事实上它仍有绝对的必要性。那么，该如何加以重振，便是当今重要的课题。

有关生命教育、生命因素的研究，将会成为未来两百年左右的一门显学。现在很多人都在努力推动他们的生命教育，但我很肯定地说，他们已经走错了方向，缺乏对“生命因素”的基本认知，这是知识领域，而非生命教育。其实，生命因素若无法先确定，生命教育大概也很难推动。

生命因素是什么？生命的真理是什么？生命教育所谈的，都通过它展现出来。我们的社会是以财富、名利、政治等等为诉求，是以知识教育的因素作为衡量价值的标准，它没办法以生命因素作为人与社会存在的基本标杆。而生命教育则是以生命的因素作为人存在的评估标准；这个人优秀不优秀，端看他的生命因素如何而定了。

以我们凡夫而言，生命的基本因素有三种：杂质、恶质和本质。为何要先把这东西提出来，因为它直接影响到我们对生命因素的定义。

凡夫的生命因素即杂质、恶质与本质。所谓生命因素，即指本质的部分。在谈本质之前，必须先对杂质与恶质作一番说明。所谓生命的杂质，就是生命中没必要的东西，譬如财富、权力都属杂质。这样讲，可能让你感到震惊。然而确实如此，因为人一死，这些都不复存在了。你若是再来，全部不起作用，都得全盘重新来。

眼下拥有，好事、坏事都可以利用它来做；为了追求，你可能好事攀缘，也可能坏事做尽。这种可有可无的因素，称之为杂质；可有，有了好做事；可无，没有也不妨碍做好事啊！但如果你利用它做坏事的话，岂不是更糟？这部分很多人不了解，尤其在知识教育的领域中，这些都被认定成根本要素，少了它，知识难以推动，所以我们称之为杂质。

人长得很漂亮，但漂亮也属杂质。漂亮变成命运中的罪过，所以它也数可有可无的杂质。人为什么非得长得很漂亮不可呢？如果漂亮变成了痛苦指数，那就没有意义了，男女都一样。

什么叫做恶质？恶质就是常听人们说起的“天生”如何如何。有人恶质带得多，天生即属坏胚蛋。

这不是教育上的争执，是我们对社会现况的一种认知。当我们了解，有些因素是会生生世世遗传的，那就必须将恶质除掉，否则后人会继续受其干扰。有些恶质在某个时代不被认为是恶，可是在某个时代却成为极恶。

本质绝非这样！本质，放诸任何时代都会是良好的，只是在不同的时代里，它有时被重视，有时被忽略而已。感恩，即是一种本质。但有些时代不重视，甚至某些环境下还有人加以诅咒。一个人若一心想掠夺时，怎么懂得感恩呢？对于有恩于他的人，他根本不会感恩，只认为你傻，他的目的只想从你手上掠取。感恩这种因素，存在于任何时代，只是被重视与否而已。

我们一旦意识到自己身上凡夫的杂质与恶质，就必须将之清除，至于用何方法，属另一回事。佛教里的训练相当扎实，通过禅定①，

① 禅定：禅与定都是让心专注于某一对象，而达于不散乱的状态。禅，又作禅那、驮衍那、持阿那，寂静审虑之意，指将心专注于某一对象，极寂静以详密思维之定慧均等状态，为大乘、小乘、外道、凡夫所共修。定，乃令心不散乱之修行，及由此而有之特殊精神状态，其进境有层次等差。定与戒、慧同为三学之一，乃佛教实践方法之大纲，持戒清净始可得禅定寂静，禅定寂静始能得真智开发。

可以完全清除杂质；通过戒律[①]，也可以清空恶质。不过提醒诸位，戒律可能不是你所想的那种，真正的禅定可能也超乎你想象之外；戒律是一种制度、一种规范，通过它将人格、人性等生命因素加以规范和训练，才能达净化之功。“蛋可不可以吃？牛奶可不可以喝？”光会问这些问题，都属噪音，非属戒律的范畴。佛教所真正进行的指导，以后有机会再作专门说明，此处暂略。

我们了解到，既然有杂质有恶质，而且杂质跟恶质也可以除掉，那么这里要谈的是真正的生命因素——本质。本质不会消失，自从有你就一直存在。一般所说的生命，是指你出生到死亡的这个阶段而已，这只能叫“这一辈子”。你还有前一世、下一世，生生世世，无量无边，总称“这一生”。

“这一生”可以转凡成圣，要进行的是什么呢？就是把恶质与杂质除掉，让本质完全显现出来。生命教育，就是要凸显生命因素的本质。只因我们前提性的认知不足，所以无法进行。我们不是要强迫你接受佛教的什么教育，不是！是要你认识生命的真理，通过这个真理，感受生命因素的价值，而后让生命因素的本质展现出来。

本质本未消失，只是为恶质与杂质所覆盖；你运用的尽是杂质、恶质，不会用本质。现在只是把它给凸显出来。生命本质当中，有生存、安全及幸福等基本因素。

那是我们对人性具足信心所必备的三要件。当这三者受到逼迫

① 戒律：指防止佛教徒邪非之戒法规律。一般来说，戒是以自发之心守规律，律则含有他律规范的意义。佛教教团之确立，须赖教团秩序之建立，故有分别制成的规律条文，与违反时的罚则，凡此皆称为律。戒的范围窄，律则包含一切律仪，僧人的威仪亦含摄其中；就广义而言，“戒律”一语实有戒、律、律仪等义。

或破坏时，我们对于人性、生命的信心就会瓦解。尤其是小孩子，他的生存我们必须给予保障，他的安全必须肯定，他的幸福必须由我们促进。一旦他遭受家庭暴力，他的生存、安全及幸福同时受到威胁，以至于连父母都无法信任，他对人生必将信心全失。所以我们对小孩子必须给予绝对的保护，否则他幼小的心灵受到残酷的伤害，尽其一生终难平复。这个基本条件，称作基本因素。

第二组因素，我们称之为改造因素，因为可以借以成长，转凡成圣①，进入神圣的国度。不管你把它叫做天国、天堂、极乐净土或瑶池世界，那都无所谓，反正它都能促使我们改造生命，达于止于至善的、十全十美的领域。

改造因素，我借用比较术语化的名词——“基因”——来称呼，它涵盖三项基因,第一个叫做精进基因,此即俗话所说“人往高处走”，本身不断往前进。这当然不是指为了名利往高处攀升，而是指生命领域的提升与超越。

第二个是教化基因。教化②，用白话来讲，谓之“分享”。当我们能够感受到整个宇宙的存在，不管内在或外在、具体或无形等种种因素，我们不仅懂得享受，而且更懂得分享，这便是“教化”。人生旅途中，你感受到什么情境非常美好，不但得自己掌握，还需要

---

① 转凡成圣：禅林用语，与“转迷开悟”同义。又作转凡入圣，指转凡夫迷妄的状态而入于圣者开悟的境界。

② 教化：教导感化之意，即说法引导众生而令其受感化，与“开化”、“摄化”、“施化”、“劝化”等词同义。教，以善法教导他人；化，令其远离恶法。为如经上所言，转无上法轮教化诸菩萨，教化安立无数众生，令住无上正真之道，凡此皆为转恶为善、转凡化圣之教化。

将它分享出来。

生命领域是非常抽象的，知识领域则很具体。你股票赚了钱，高兴地告诉人家："喂！股票真好赚。"一堆人就跟着进去，也跟着发烧，然后套得很惨。我赚了钱，你却赚不到，那只能怪自己命运不好。这很明显是属于知识领域的。然而生命因素、生命领域里的东西，我们却很难感受到。"这一阵微风好舒服哦！"一阵微风过去就没了，除了好舒服，还能怎么样？再怎么说，对别人而言都是很抽象的东西。

怎么把微风吹拂的那种喜悦感受告诉别人，和人分享，劝人不要汲汲于名利？蓝天白云，和这个水泥森林一对比，让我们感受到美。嘿！你怎么去跟人家分享？不要总是急急忙忙地在熙来攘往的人群中穿梭，每次经过红绿灯，就好像坦克大决战一样。不必啊！慢慢来！分分秒秒之中，都要懂得享受、懂得欣赏，这种能力就是生命因素。

第三个是成长的基因。生命必须一再地成长。各位，精进是一种方法，去思考用什么方法可以令你精进；而成长则属实质的标的，你必须通过方法才得以获得成长。用什么方法都无妨，佛法说的，八万四千法门、无量无边法门①，法门众多，只要能用一个方法精进，提升并超越自己，那就够了，你便会实质上一再地成长。

① 八万四千法门、无量无边法门：佛所说，而为世之准则者，称为法。此法既为众圣入道之通处，又为如来圣者游履之处，故曰门，实为通人之义。其次，门亦含差别之意，以佛所说之法义有种种差别，故法门一词可作为佛所说教法总称。八万四千乃形容数量极多，又作八万。佛所说之教法及其意义至为繁复，故总称八万四千法门（八万法门）。无量，不可计量之意，指空间、时间、数量之无限，亦指佛德之无限。

成长的因素无须设定界限，财富的竞逐、权力的追求，其界限有穷，但生命的成长却永无止境。财富、权力都属外在因素，只要是外在因素，就会受无常的影响。无常毫无例外，万法皆属无常。唯一例外只有一个，那就是“无常”是永恒的。留意这一点哦！

真正永恒的是“无常”，无常既属永恒，相对于它的一切外在因素就都变成无常了。但，唯有生命这个东西无常控制不到。无常只能控制你的色身①，控制你这辈子，那个永恒的生命它管不着。

我们的生命永恒地成长，那个止于至善、十全十美的部分，是每个人都可以达到的终极目标。因为我们的生命因素中有个成长的因素。各位留意，我所讲的是无常管不到的生命本质。无常管的是“有为法”的部分，是世间追求的知识领域。所以你嘴巴所称的阎罗王、口中所说的上帝，其实都属无常。

以上所谈的第二组生命因素——改造——是修行专用的部分。你若没有想要“改造”生命的认知，就不会想要修行；你若能认知到这三个生命因素之可贵，一定会懂得精进修行。

第三组生命因素，叫“相容因素”，或称“促进因素”。这个因素也包含三项：

其一是感恩，此乃人与人之间相处融洽的主要因素。

其二是忏悔，那是一种自我的反省与检讨。身为人，若无自我反省与检讨的能力，什么都是别人的错，这无异于畜生哪！自省的工夫，是基于生命因素的存在与价值而发挥作用的。不论别人或外

① 色身：指有形质之身，即肉身，为四大等色法所组成的身体。反之，无形者称为法身，或智身。

在现象如何，我们都要懂得珍惜与感恩，对于自己则要懂得检讨和忏悔。这是很重要的一个因素。所以要感恩跟忏悔。我们把感恩和忏悔当做是做人及与人相处中的兼容因素，它们也是促进生命质量提升的主要因素。

其三则是包容。自己有错要懂得惭愧、忏悔，而对于别人的过错则能予以接纳，这就叫包容。别人如果没错，你本来就必须接纳与赞美；可是当他有错时，你也能够加以接纳，那才是真包容。包容也属生命中一项很重要的因素。如果我们无法将它发挥出来，这个社会就会存在着种种冲突、争执与不幸。

我们在这“兼容因素”里,为各位提出感恩、忏悔与包容三个部分。这三组加起来，一共有九项因素，九个因素不是代表全部，因为目前为止，尚无人能给予生命因素很明确的定位，所以我只能初步地加以定义，希望引起有心人士对生命教育的责任感。具有此种使命感的人，首先会从这里下手进行生命因素的研究，以为生命教育奠下主要的基础。生命因素若不先奠下巩固的基础，生命教育确实很难推动。

我所提的这九项因素，都属单一因素。有些生命因素比较复杂，不是单一的。我所取用的这些名词，事实上其定义仍颇为广泛，但不管如何，它都属单一因素。

另外还有一项因素，将来的研究可能会发现，某些因素是一种“程序因素”，或称“组合因素”。譬如我们应该具有完全竞争的涵养，完全竞争是一项生命因素，但非单一的，是一组程序，它包括：要攻击对方，也要接纳对方。换句话说，生命因素里头，你积极前进、成长没错，可是积极前进之际不能妨碍别人，所以它不是单面向的一个因素。你必须要有这样的涵养。像这类生命因素是比较复杂的。

我相信生命因素的探讨，将会在往后生命教育的发展过程中成为显学，因为它是生命教育的基础科学，未来影响至巨。各位听我这样说，可能会觉得好大的口气。这不是预言，这是事实。因为文明发展至此，人们普遍存在着苦闷、无奈，大家拥有这么大的财富、事业和客观环境，还能做什么？你无奈啊！真正的出路就在生命教育。

生命教育如果能及早遍植于人心，相信也不会有那么多人自杀了。会轻生、自杀，是因为缺少生命教育的洗练与陶冶。每个人或多或少都普遍存在着无奈、苦闷与空虚，那是我们生命中最不好的恶质，必须除掉。那不是杂质，而是一种恶质，具有此种恶质倾向的人，绝大部分生活优裕，知识教育的背景也羡煞旁人，那他为什么还会这样呢？

生命中的这个污点必须除掉，此唯有靠生命教育。要想让人人都能接受生命教育，我们发现生命因素的研究变得非常重要。

另外，除了单一因素与程序因素外，尚有宏观因素与微观因素。这同样需要后进贤达的努力，远非在此三言两语所能道尽。我个人的能量非常有限，我只期盼能在此抛砖引玉，引发广大社会精英的共同参与。

其实，以往的生命教育非常鼎盛，只是当时并不使用这个名词罢了。如今生命教育的没落，乃因其缺少必备的现代知识以为工具，所以我们期盼能以现代知识教育作为一项工具、一个因素，以重新发掘生命教育的内涵，以期真正的福荫[①]广大的社会群众。不只我们，其他国家一样需要，只要是物质文明发达、知识教育鼎盛之处，会展现更多的人性恶质，空虚、无奈、苦闷悄然流布、迅速蔓延，因此亟须生命教育。

苦闷、空虚、无聊、无奈会压迫着一个人，使之濒临崩溃的地步。很多发达人士虽然口头上不谈宗教，其实背地里都有信仰，为什么？因为他快受不了了，所以也不管是真是假，随便就抱个宗教来信仰。

我们对于生命教育的展望有绝对的信心，因为只要知识教育存在、繁荣一天，相对地，就无法脱离生命教育的需求。唯有通过生命教育，才能平衡、挽救人类在知识教育的压力下所产生的无奈、痛苦和空虚。要解决这些问题，只有通过我们洞察生命、了解生命的存在、内涵、价值、意义及我们在这世间的目标与奋斗方向。

生命教育给我们的启示，多么的殊胜与不可思议。我们期望每个人都有这样的福分和因缘，能够来接受生命教育的陶冶。虽然它不会帮你赚钱，但它一定会让你的财富增辉；它不会帮你增长权势，但它会让你的权势更有意义；你能为众生戮力服务，相信你的人生会因此倍增光彩，更觉美丽。

---

① 福荫：得到别人功德、福德的庇护。福包括世间、出世间的幸福。世间人因行善，不但自身得到上述幸福，此种福报亦可让他人同受护佑，称作福荫。

第十讲

免除恐惧的权利

这个单元要谈的是“免除恐惧的权利”。

前面提过，生存、安全与幸福是最基本的生命要素，假如生存与安全受到威胁，便毫无幸福可言。幸福是一项基本要求，是人人所应拥有的权利，绝非奢侈。人生在世，若无幸福这个基础，无异于一场灾难。

很少人注意到这些生命要素的存在，尤其知识教育发达后，名利等外在的追求非常具体，有数字，有指针，所以成为人生的具体目标。常有人质疑：“生命的价值一斤值多少钱？”生命的价值与意义，一旦被这样衡量，就毫不值钱。然而，我们的教育和社会价值的体系却一直朝着多少钱的方向前进。因此，把生命的存在、安全及幸福置之不顾。这时候，生命像是一部机器，渐渐地走向争斗之途。

我们并不否认金钱、权力能让你在现实人生中出入自得，自由自在地实践理想，可是它却也往往让人迷失其中，甚至一夜之间就消失无踪，让你顿时找不到人生的方向。拿金钱来说吧，外在环境的巨变，就可能让它完全消失。

在这现实社会里，无常的变化很清楚，可是大家还是死命地、用尽全力保护着权位、利益。你有没有感受到，人生的存在、生命的安全与幸福，比这些都来得重要？那你是否花费过任何的时间或精力去呵护它？没有！绝大部分的人都让生命的存在、安全及幸福，暴露在一个危险的处境里。这时，要知道，我们随时可能陷入瞬间即命坠悬崖的那种恐惧中。

要谈“免除恐惧”，首先得谈谈对生命的尊重。这应该可以分四部分来看。第一，对自己生命的尊重；第二，对他人生命的尊重；第三，对动物生命的尊重；第四，对于大地，包括各种矿物、动植物的尊重。

想想看，我们对自己的生命尊重了多少呢？很多人常讲：“在这世间，我没有对不起人的地方，我尽忠职守，有情有义，为什么四十岁不到，老天就以癌症末期来惩罚我？实在不甘心。”这种人对人、对事、对大众及敬业精神，都值得敬佩，可是他忘了最基本的——他对自己的生命不够尊重。

飙车族们或许自认为能掌控一切，因此不知道自己将生命置于危险的情境中是对自己生命不够尊重。癌症很可怕，但致癌的前因应该可以避免。只是世间的知识教育一再地强调竞争，从未强调过要尊重自己的生命、灵性及人生，乃至教导我们如何安排生活，以拥有真正可贵的生活情境。都没有！

当我们对生命不懂得尊重时，首先就会对自己的生命不尊重，尤有甚者，还会予以糟蹋、伤害，然而你不自觉，等事情发生时才呼天抢地说老天爷不公平！不要怪老天，是你自己对生命不够尊重所造成的。

这是我们每个人都得去面对的一个事实。首先想想，我们对自己到底有几分尊重？你对本身的生命愈不尊重，你所面临恐惧的压力就会愈大。一旦你对自己的生命不尊重时，你也就等于同时放弃了你拥有的免于恐惧的权利。

对生命，你说我绝不恐惧，充满自信，怎样又怎样……那是你还没遇到挫折。年轻人为何抗压性那么弱？为何被称作草莓族？因为他们遇到挫折根本没有处置的能力。他产生一种恐惧，一种人与人相处的恐惧。他在电脑前打电子游戏、画设计图时，可能是活泼一条龙，但处于人前，立刻委靡成一条虫了。他在自己的理想天地里生龙活虎，可是一旦要与人相处互动就无力施为。这就是对自己生命不够尊重。另外有些人则对于他人不够尊重。

这是对人的情况，我们统称为尊重，你用其他标准或词汇来表达也无所谓。我们是讲，生命存在于这个大地里，我们到底看到了没有？姑且不谈别的，先谈对自己、对人的这部分就好。很多人，即使是夫妻相处都仇恨连天，父母与子女之间也都抱怨连连。这都是对其他生命的存在不够尊重所致。我们应该培养出对自己生命的尊重，而不是执著，进而培养对周围人的尊重。这一点认知，非常重要。

对自己、对他人生命的尊重，这部分若通过知识教育的层面来说，极为有限。生命的东西不是知识，其尊重乃通过实际行为而来。

我们对自己对他人都必须同等尊重。把这个范围扩大到动物层面来看，家有宠物，你会善待它吗？你对宠物的尊重，应该不只是弄个食物给它吃，或张罗一个笼子让它住就罢了？我想，既然要养这动物，就得去了解它，不要以人的想象来诠释它的行为与心理。否则，你只是在逞能、发泄自己的欲望和思想意识，对动物的生命根本就不够尊重。

猫、狗在想什么，你知道吗？你命它坐下、握手，它如果照做，你就觉得 很乖、很听话，然后给它食物，它就尾巴一直摇，表示高兴。那是你想的啊！对狗来说，可不见得是这样，它认为只要坐下跟人握握手，人就会拿东西给我吃，这个人真乖！各位想想，你是出去遛狗，还是狗带着你出去遛人？你惯以自我为中心，以自我的思想意识来看待一切，因此无法客观、平等地看待世界，所以便产生了种种痛苦。

我们对生命够尊重吗？从动物的立场来看，很清楚。假如将此一领域再扩大，不仅对植物、矿物，包括清风、流水、白云、蓝天……你对于它们的存在够尊重吗？对于动物还容易体会到一点点，但是对于植物，压根儿就感受不到。有人说，吃素是长养慈悲心①，因为动物有生命。可是你不知道植物也有生命？！难道对植物就不用慈悲了？慈悲是你的定义吗？不是吧！慈悲不在这里。所以这句话讲得很好：吃素不是吃菜，更不是吃草。素，是保持原味。吃是必然的，吃动物吃植物，平等平等，但你能不能保持原味？像我们这样想方设法精心烹煮、挖空心思去调理，那通通是吃荤，浑浊后的荤啊！你把它浑浊了，不忠于原味，这样怎么吃都不素。因为你对生命不够尊重。

要留意，对生命的尊重本身是朴素、单纯的，不要太复杂。对

① 慈悲心：与乐拔苦之心。慈爱众生并给予快乐，称为慈；同感其苦，怜悯众生，并拔除其苦，称为悲；二者合称为慈悲。佛陀之悲乃是以众生苦为己苦之同心同感状态，故称同体大悲。又其悲心广大无尽，故称无盖大悲（无有更广、更大、更上于此悲者）。

大地所施予的恩宠，我们能否绝对的尊重？莫以为石头、落叶毫无生命，各位，那都是生命啊！是上苍的遗泽和恩典，我们必须懂得加以尊重。花开很美，花谢也美；人出生时很美，死亡时也美，都属生命的一环啊，你必须懂得这是生命存在的自然现象。

我想，提到这里，各位心中应该对生命的存在有着很大的回响才是。

各位或许觉得，生命的存在，照这样说，到处都得留意，那怎么活下去？不就忙死了吗？其实，生命存在的质感、生命品质的高低如何，端看你对生命存在的感受力。感受力不足，生命品质绝对是低的；感受力愈强，生命品质也愈高。

那么，这个生命的存在在哪里呢？若用佛教的术语，当下即是！“当下”两个字，大家经常挂在嘴边，然而你认知的当下，跟我所讲的当下，可能相差十万八千里，也许还不止呢！用比较平白的话来说，这个生命的存在就在于你的留意之间。留意、注意，英文叫 Care；你到底介不介意？

我们对于大地上一切的存在，上苍所留给我们的恩惠，一点都不介意，因此，它们也就不存在。好比我们打从娘胎出来就一直在呼吸，可是有多少人注意到呼吸的重要？空气无所不在，有几人留意到它的存在及重要性？住在这个水泥森林的现代都市里，多少人留意到蓝天白云、微风徐徐的大自然之美？你只会开冷气，制造外面的热流，你留意到了什么？你完全没留意到自己完全活在惯性的情境中。

假设我们回到三四十年前没有冷气的时代，今天都市里的人还活不活得下去？工作效率是否会非常的低？因为我们从来不曾留意，所以它不存在。生命的存在、生命的价值与意义，也就在你忽略当中消失了。反过来想，我们平常到底注意什么啦？这一生中，我到底留意些什么？仔细想想，你会发现不外是金钱、名望、权力、知识及感情等等东西，你追求的是这些，因为它们很具体。

女人常常喜欢问男人："你到底爱不爱我？""爱你就爱你，不然你还想怎么样？"他这么一说，你感觉很无奈："爱我怎么会是这个样子？"你要的不是语言上的爱，而是那个实际的感受。你感觉他不爱你，因为他对你不留意，这表示你在他心目中根本不存在。可是你很在意他，你一在意，他就存在了。而他不在意你，你就不存在。一个存在，另一个不存在，两个碰在一起时，灾难就产生了。

同样的，生命的存在是永恒的，可是你若不留意，这段生命就一片空白，消失了。我们所要强调的就是：去留意！你必须去在意你生命的存在，否则你一定不会尊重自己的生命。一旦这样，稍有状况发生，恐惧将会令你非常震撼。这时你想要免除恐惧，实在是不可能了；你不注意自己生命的存在，就无异于把免除恐惧的权利给放弃了。当这事情发生时,你已经无权再去拥有那份幸福了。各位，了解吗？

生命的价值不在于它的长短，而在于它是否有价值、意义。想想看，在你有限的生命里，活得有意义吗？何谓有意义？有权有势，叫做有意义吗？不是！在于你所存在的这个时代、这个时段里，你是否留意到生命的存在？两个人相爱也一样，当两个人都不在意的时候，等到状况发生时，你会顿然觉得好像白活了一辈子。你若时时刻刻都在意、留意着对方，你的情与爱就时时刻刻存在，不然的话，你就形同放弃了自己的权利，等到发生变化，还能讲什么呢？唯存恐惧而已！

所以如果想要免除恐惧的话，首先就要在意生命的存在。如果不注意生命的存在，就等于放弃了免除恐惧的权利，所以当周围的生活环境一产生变化，你就恐惧得无以复加，没办法处置。

我们的周围，经常存在此类现象。一个是信息泛滥所衍生的语言暴力，特别是在大男人主义下的家庭里，认为小女子不解社会事，所以先生通常都不太愿意跟太太讨论重大事件。难道家庭主妇真的比较缺乏信息？其实未必。这个时代，新闻与电视的报道太多太多了，家庭主妇未必都不看电视。然而语言及意见的沙文主义却一直存在，问题在哪里？在于你的观念！当传播媒介被利用来强迫别人接受信息时，就形成某种语言暴力。

资讯传播是民主社会特有的现象。但各位千万别忘了，我们也有拒绝接受资讯的权利。你硬要强迫别人接受这个资讯时，它就是语言暴力。你有报道的权利，他个人也有不接受的权利。我们必须在此提醒，掌握资讯的人必须懂得尊重别人不接受的权利，否则会形成语言暴力。

尤其是ＳＡＲＳ时期，我发现好多人来找我，说他现在有ＳＡＲＳ恐惧症。因为新闻看得太多了，所以产生恐惧；若是不看就没事了。前面提过，基于对生命的尊重，像这种不可抗拒、没有一定轨迹的病症，我们必须全民防疫没错，能将防范的资讯仔细地告诉每一个人，让人得以注意与预防，那是非常好的，然而若是一味地炒作新闻，这种资讯本身即是语言暴力。

此外，还有其他的暴力现象。不管哪一种，都对生命不够尊重。由于对生命不够尊重，未来所可能带来的恐惧便无以复加。我们期待免除这种恐惧的压迫，那就必须发挥对生命的尊重。我简单地就这个关系再次为各位作诠释。

恐惧是属于生命的，知识本身不会恐惧，不管有无知识，懂得多少，都不会有恐惧。我们处在这样一个时代，福报相当大，在过去的历史里，既没有摩天大楼，也没有飞机可坐着上天。由于这种福报是从知识中创造出来的，所以我称之为知识的福报。然而这个福报，也为我们带来了生命的恐惧。这一点，容我再次提醒诸位。

通过知识，我们发展出所谓的完全竞争。假如完全竞争是来自于生命的话，那我们的世界早就是天堂了，因为那个福报是从生命中产生的。可是事实正好相反，我们今天的这个福报，并非由生命而来，而是自知识中产生，它来自于我们的斗争，讲好听一点叫竞争。从经济上来说，谓之竞争，从政治来讲，谓之斗争，都不是真正生命的东西，而是从知识上构筑出来的。

17—19 世纪时，人类想要创造福利社会。如今确实也有很多国家已经兑现福利社会。然而福利制度愈完全的国家，自杀率也愈高，而且百病丛生。例如有些国家，因为早期侵略了原住民的土地，在经济繁荣之后，想对其做一些补偿以赎前罪，于是就给予原住民种种优待，让他们不用工作，出生后即享有种种权益，光是领每个月的各项津贴，原住民就吃得肥肥胖胖的，然后莫名其妙的病就这样产生了。原住民成了新疾病的试体。有人就批评这叫民主时代的集体屠杀。

我们在此不论断其是非，只是提醒诸位，这种处于知识性的福报中的人，几乎人人都有生命中的恐惧。想想看，人类这个生命来到世间，其存在的目的是什么？难道是为恐惧而来？绝对不是！

生命的存在到底是什么？就是我一再强调的：生命的真相与人生的目的。我们要找寻生命的真相，探索人生的目的，建构人生的价值与意义。

期待我们的社会，能够尽快将知识所创造的福报，转化来免除生命的恐惧，这是我们最由衷的期盼。

第十一讲

生命的故乡在哪里?

生命的故乡在哪里？有人这样问，这是知识性的问法。我们的回答是：生命故乡不在哪里，就在这里！用佛教术语来说，即是当下！没有活在当下，即是远离了生命的故乡。

为什么人不能活在当下？因为隐瞒，因为伪装。这是大脑知识所发展出来的所谓规律、道德律，所谓的共识，它使我们远离了生命的原点。

原来社会、族群的运作中必须有一个可供遵循、让大家相安无事的和谐原则，基于此而发展出来的，就叫道德律或社会规范，并由此衍生出法律。这原本是很纯真、善良的和谐规范，但随着大脑识性的不断发展，竞争激化，为了生存，衍生出很多状况，人跟人之间互相压抑、扭曲或排挤，无非为了适应生存，否则只有被淘汰。

一个脆弱的生命，在这庞大的社会竞争下要怎么办？为了适应、为了生存，当然就开始隐瞒、伪装，把自己的痛苦裹上一层快乐的糖衣。

我曾说过，人一旦处于生存挣扎的边缘，不管拥有多大的福报和权力，都是很可怜的，因为他恐惧感很重。

很多朋友生活环境相当富裕，但他为了维持住现状而忧心忡忡，所以他要保高额保险、雇请保安，还要依赖法律上的种种契约和保障等等。你很难想象他身处极端的恐惧，为了达到安全与生存的目标，他一再地伪装，并扭曲了人性。生命的原点已经丧失了、远离了，却不自知。为了得到别人的认同与共识，于是他发展出一种情况：说是一回事，做又是另一回事。

长久以来，我们为了适应社会的生态，不得不扭曲自我而远离了生命的原点。我们一开始做了跟生命完全无关的种种伪装、掩饰，为的是取悦于别人。我们总是为别人的喜怒哀乐所牵动、影响，这就是远离生命故乡的原因。但，生命的原点并未就此消失，它一再地释放某种频率和磁场，呼唤着你：孩子！回来吧！你已经迷失了，早点回家吧！生命的故乡，要我们回过头来，回归生命正确的原点。

谈生命最核心的部分，也许几分钟就可以讲完，但我们发现，在人类的历史长河里，随着知识的发展，不断衍生出各种竞争原则，使我们一再地远离生命的原点。很多人看起来衣冠楚楚、油头粉面、光鲜亮丽，但这些都属表面，他的内心里头其实是在哭泣，他满肚子的牢骚与抱怨。但为何他表面上又要唯唯诺诺、恭恭敬敬呢？为何不能活出生命的本质呢？因为他是在这社会和谐的制约下被扭曲了。

社会和谐的制约是不可避免的，因为个人的生命空间与族群之间必须和谐相处，两者间必须取得一个平衡点，才能活得自在解脱、幸福快乐。然而事与愿违，我们往往为了换取更多所得、权利，而把应有的生命空间当做成本、赌注，把自己给牺牲了。绝大部分的人都因此消失在生命的洪流里。在社会上，他好像活得极为光鲜亮丽，成就斐然，可是生命根本不存在，只有表面之处受人肯定而已。

向内慢慢地去感受生命故乡的那层呼唤吧！外在光鲜亮丽的部

分，跟你的生命不相呼应。我们逐渐从生命原乡向外开展，那将会是意义非凡、价值非常的。运用各种竞争技巧取得权利或财富，会活得很空虚、很无奈。你看有那么多人为了竞争、为了生活而汲汲营营，于是设法隐藏、掩饰自己真实的部分。他所表现出来的是那种呐喊、竞争，乃至于斗争，这是最大的不幸。很多人活得既无奈又痛苦，甚至陷于恐惧的生存环境中。

现在生活富裕了，好过得太多了，可是很多人痛苦指数为何一再地攀升，恐惧的情境日益扩张呢？因为，我们和生命故乡切断了频率、失去了呼应；我们虽然觉得目前的生活不对，但却无力回天。

其实，只要活在当下，就是回到了生命的故乡。我在此提出一个震撼性的生活观念供各位参考，我将社会人大约分为两种，一种是“标准值”的人，一种叫“自然值”的人。标准值的人活在社会标准下，人家说、报纸说、某博士说、电视上说……他只跟着社会潮流走。人家流行 Hello Kitty，他也跟着流行 Hello Kitty；迷你裙大行其道，她也跟着穿迷你裙；新手机问世，他迫不及待赶快去买，他不知道为什么，只觉得没跟上流行就很痛苦。这种人在社会上相当普遍。

还有一种“绝对标准值”的人，他认定这样就是这样，不这样不行。信佛一定要吃素念佛，若是信净土宗①，就说一定要往生极乐，你如果不到西方而要到东方，那就成了叛徒。这种绝对标准值的人属基

① 净土宗：以往生极乐净土为目的之宗派，为我国佛教十三宗之一。净土乃指清净国土、庄严刹土，即清净功德所庄严之处所。我国净土宗以《阿弥陀经》、《无量寿经》、《观无量寿佛经》与“往生论”等三经一论，为成立之重要典据。本宗特别以称念佛名为主要修行法，借弥陀本愿之他力，祈获生于西方极乐净土，故又称念佛宗。

本教义派，排他性极强，他的人格与心理甚至会有某种程度的偏差。

当今社会有钱又有闲的人很多，吃米不知米价的人多半属一般标准值。他们随波逐流，生命淹没在社会潮流之中，不知人生价值与意义之所在。这种人居社会的多数，绝对标准值的人则不多，但却常常带给社会极大的事件与震撼。

“自然值”的人则超乎于这两者之外，他趣向真理的探讨，经常感受为什么如此、社会为何这样？而大部分自然值的人只是提起一个疑情，然后就很无奈、很不屑地跟着社会潮流走，尤其他对绝对标准值的那种偏激极端更是不屑。但他无力左右这一切，更无法去求证，因为广大的社会取向是如此。该如何处理，他既无智慧，也无能力，只是偶尔带点疑情。

自然值的人，他带有追求生命真理的倾向，假如他具有善根或福报，或许可以在迷失、流浪的人群中，走出自己的一条路来。这时，生命故乡的呼唤对他所产生的作用就特别大，如果善根足够，直接就能回到生命故乡的原点。这种人会找寻生命的价值与意义，会去探讨人性怎么运作、人生目标在哪里，他能肯定自己要做些什么。

绝大部分的人很无奈。纵然他带有一点自然值的倾向，可是难免被社会标准值所淹没，因为他若不随波逐流，就很难适应与生存。所以，标准值事实上是整个社会的伪装与掩饰，真正的生命在哪里，你可能懵懂不知，而具有自然值倾向的人会反省、检讨，乃至调整人生、工作、活动、观念、语言等等。

自然值的人经常与生命故乡相呼应，标准值的人很难，你即使想跟他谈一下人生的价值与意义、生命的真谛或存在，他也毫无感受。

他倒是认为电脑出了新机种，没买就落伍了，没跟上流行，让他觉得失去了生命的价值与意义。

我们真的要深深感受，人来到这世间，其价值意义在于对真理的追求，而真理则源于生命的原点。离开生命的原点太远，就无法与真理呼应。

现在的时代有很多人不适应这样的人生，他只在这样的情况中跟着社会走，虽也感觉没有意义，但是他也不必去求证，因为现今的物质丰盈，足以让他尽情挥霍与享用，又何必费神去探讨什么价值和意义呢？哪个地方开一家新餐厅很好吃，就一窝蜂拥过去，但你真的喜欢它的口味吗？不是！只因大家竞相追逐，你不赶上的话，会有落伍的感觉。这样的动作、这样的惯性，在生命洪流里到底存在着什么价值？

标准值的人，他难以跟生命的原点呼应，也无法蒙受生命故乡的感召。标准值的人与生命的原点渐行渐远，自然值的人则朝生命的原点逼近。我们在此看到人生的这两个走向，我就从这个定义，来为各位作个宗教性的说明。

凡向生命故乡前进的人，生命品质会愈来愈高尚。不管你信上帝也好，信玉皇大帝也好，或者信佛陀、菩萨等都无所谓，只要是与生命故乡、生命的原点相呼应，就会逐渐进化，不管最终你是回到上帝的天国，或佛陀的极乐世界①，那都无所谓，因为你已回到生

① 极乐世界：指阿弥陀佛之净土，又称极乐净土、极乐国土、西方净土、西方、安养净土、安养世界、安乐国。自此世间向西而去，经过十万亿佛土之彼方即为极乐净土，往生于该佛土者身受诸种快乐。关于该净土之情况，在《阿弥陀经》中有详细之解说，而阿弥陀佛今仍在彼处说法。

命的故乡。

问题是，你的方向总是背对着生命故乡的原点，你迷失在社会里，因为你所依托的是社会形形色色的声光色影——新餐厅、新舞厅、流行ＫＴＶ，一有新款手机就立刻跟上去，有什么新的娱乐活动也都不放过……生命依于外在的设定而存在，这比人生浮浮沉沉更糟糕，像社会中的一块垃圾，风吹往哪里，就往哪里飘，这样的生命真是可怜。这种人，你要他回头换个方向，除非他命格里有大转变，否则做不到。

我们说："南阎浮提[①]众生，刚强难化，起心动念无不是业、无不是罪。"为什么？因为都朝着反方向走，假如能朝着正确的方向走，一直走向生命的原点，那么，一切境界便都是普贤境界[②]，一切行为都是普贤行愿[③]，关键就在这个地方。

生命故乡它怎么吸引你？那儿既无财富，也无权利，它让你孑然一身轻，迎向幸福、快乐、解脱、自在。

我们要了解，人生旅途中，我们到底是怎么走的，我们的方向

---

① 南阎浮提：阎浮提，又作阎浮利、赡部提、阎浮提鞞波，略称阎浮，乃盛产阎浮树之国土。阎浮，乃树之名；提，洲之意。又出产阎浮檀金，故又有胜金洲、好金土之译名。此洲为须弥山四大洲之南洲，故又称南阎浮提、南阎浮洲、南赡部洲。

② 普贤境界：华严宗将应众生机缘而说教之缘起因分，作为普贤菩萨之法门。普贤菩萨在人格上乃等觉位之菩萨，由理而言，则象征理、定、行，为诸佛之本源，亦为一切诸法之体性，故信、解、行、证一切普法者，不问凡圣，皆称为普贤，体悟此种一乘普贤之大机境界，称为普贤境界。

③ 普贤行愿：指普贤十大愿，即（一）礼敬诸佛（二）称赞如来（三）广修供养（四）忏悔业障（五）随喜功德（六）请转法轮（七）请佛住世（八）常随佛学（九）恒顺众生（十）普皆回向。若能将以上十种行愿相续不断实践力行，则可完成普贤菩萨之诸行愿海。又人若能以深信之心，受持大愿，或读诵或书写，亦可得种种功德。

是朝哪边？说你朝着财、色、名、食、睡走，你可能不觉得，你想："我只不过换个手机，跟人家网上冲浪，多买几只粉红猫而已，这哪叫财、色、名、食、睡？"不！它是指你向外执著、向外黏取，这包含很广。有些人没有卡拉OK就很难活，就像很多牌友说："真不知道那些不打麻将的人，日子怎么过？"是啊！把生命、把幸福的钥匙都完全寄托在麻将上了，当然没有麻将就活不下去了。

像这类都是指生活依于外在的环境，走错了方向。有些可能还比较好，但也只能说比较好而已，有些根本就是绝对不好。而法律若是允许，它还会让人自欺。他不明白法律只是社会和谐共存的最后防线，他以为法律允许的都能做，但他不知道有些事让人堕落，让人步入歧途，让人走错人生方向。

我们要在这个最低限度上，活得更高尚一点，绝不活在那种使生命堕落的情境中。所以我们才呼吁，应该回头走向生命的原点。佛教不说受洗，也不说点玄关，它叫皈依，也就是回过头来依止生命的原点。换句话说，当你警觉到"人生必须重新来过，我不走错误的方向，应该回归原乡"，你的新生命已经诞生了。

我们不知为何而诞生，反正来都来了，就这样活下去吧！爸爸姓陈，我就姓陈；爸爸是美国人，我就是美国人。有人说，祖先被太阳烤太久了，就成了黑人；烤不熟的成了白人；烤得刚刚好的就叫黄人。对不对？不知道，反正就这样身不由己地来了。你生活了一段时间之后，是否感觉到依据社会既存的而前进是错误的？当你对此产生怀疑，开始探索生命真相、探索人生的价值与意义时，你已经开始回头与生命的故乡呼应了。

佛教用皈依来诠释人生觉醒的起步，也就是新生命的开始。我无意在此大力鼓吹大众归投佛门，然而你的人生确实必须觉醒，对此，我不用传统的佛教术语，而称之为“生命的故乡”、“生命的原点”。不管你把它定位成天国也好，天堂或极乐世界也好，都无所谓，反正是一般的民间信仰，怎么定位都无妨，重点是要朝着正确的方向走，去发觉生命的存在，挖掘生命的真相，感受生命的价值与意义，这便是皈依的真谛。

假如没有回到生命的正确原点，那么，我们对“生命是什么”，将会是茫然无知的。你说：“我会吃、会睡，甚至会吵架，我的生命就是这样！”那不是生命，那是业力！为何会这样，你根本无知，而且无法掌控自己。生命教育就是促使我们具有十足的能力来掌握人生的方向，有能力确定自己的生死。这一点可能让你感到震惊，但生命教育要使你成为上帝，这就是它的伟大之处；生命教育的本质超乎任何宗教之上。

我在此提醒诸位，人生必须达到止于至善。所谓止于至善，就是独一无二，你是否敢于拥有这样的雄才大略？这既不是狂妄，也不是傲慢，而在于你是否觉醒，觉醒才是重点！

生活在这样的环境中，实在令人百般无奈。为了竞争、为了生存，“如何活下去？”就变成我们最大的困惑。人生应当立定脚步，第一阶段就是回过头来，因为原本奋斗的人生方向可能完全偏差了。你应当留意到自己有某些觉醒、某些感受——人生应当如此吗？如果你仍忙于生存边缘挣扎，谈这个是嫌奢侈了一点；你若还有一点余裕，可以想想：“人生就这样过一辈子吗？”那么，这真的就是你最大的福报，所以务必仔细审视你自己。

自古以来所有的教育都是生命的教育，只不过西方文艺复兴以后，知识教育抓住了技巧，抓到了重点，从此一帆风顺地展开；这时候，生命教育就被抛到九霄云外去了，唯剩生死斗争，在经济学上美其名曰完全竞争。完全竞争的理论非常美，可是你知道这当中人是怎么生活的吗？所谓“一将功成万骨枯”，不管成功还是失败，竞争者的共同特色就是要活下去。其实，成功者也要生活，不是成功后就如木刻佛像坐在那里供人膜拜；而失败者更需要生活，不能因失败就什么都不管了。

成功者生活得很快乐吗？我看多半只有被表扬的那一刹那才快乐，其他时候都闷闷不乐。而失败者就真的无以生存吗？也不是！他照样得一日三餐活下去。各位要知道，竞争是知识上的产物，而生活则是生命的东西。

知识教育发展以后，把生命教育打得粉碎，没有人仔细留意我们为什么而生活。我们何其无辜地让自己陷入这种恐惧中？！期望每个人都能感受生命的存在需要生活。所以，我们呼吁“幸福、生存、安全”是第一组最重要的生命因素，如果这些重要的生命因素都受到威胁，那就非常的不幸了。可是今天，我们何其无辜地把自己陷于这种恐惧的环境中呢？！那就是知识教育发展以后，把生命教育打得粉碎，没有人仔细地留意到我们为什么要生活。

大家知道，结婚是一件很美的事，可是往往结了就昏了，为什么？因为结婚前缺乏教育。为什么发生青少年的问题呢？父母亲不是一直呵护着他们吗？因为教育体系出了问题，只顾着给予知识，教导的目标都是财富、成功、权力，而生命的目标在哪里？没有人知道！生命教育一再地式微，乃至几乎完全消失。

在此呼吁有志建立社会净土的朋友们，共同投入，为生命教育尽一番力，确切地体认“生命的存在、生命的真相、人生的目标与奋斗的方向、人性的价值与意义”，这不仅饶益自己，更是利益大众，真所谓功德无量。这部分人人都需要接受训练，不但训练自己成就幸福、自在、解脱的人生，更期望由此蜕变出美丽的世界，全世界所有的人都能因此过着无忧无虑、快乐自在的和谐生活。

生命教育不在于为我们引进巨大的财富或掌握权势，它只是让我们在现有的条件下，不管成功或失败、富贵或贫贱，都能拥有幸福、快乐、自在的人生。我们如果走上一个错乱的方向，乱了脚步、失了准头，弄错了角度，埋头盲目往前冲，其实就已经远离了生命的原点。

生命故乡就在这里！只要我们活在当下，它马上兑现。生命的故乡不在哪里，就在眼前！希望大家都能很明确地把握住。

第十二讲

家庭华藏工程

今天要谈的是“家庭华藏工程”。什么叫“华藏工程”呢？

我本人是修习华严的，华严宗所描述的国土，叫“华藏世界”①。我们生活的这个地方，就是一个华藏世界。为了使生活环境达到止于至善，我们有一套建立华藏世界的工程，我称之为“华藏工程”。它为所有追求人生与生命至善至美之境的同好们，提供一块共同努力与参与的园地。你可以照这种方法去做，但不一定要沿用这名字。假如你信别的宗教，讨厌这个名字，那也可以改换，无所谓，但这套法则、规矩，还是希望你能好好运用。

现在社会上有很多读书会，很多朋友常误以为“华藏工程”即是社会上一般的读书会，其实完全不同！华藏工程它的基本原则是这样的：

第一，三到五人为一小组，超过五人就要分成两组，人愈少愈好。我们不采大班制，因为二三十人以上，容易产生小老师等意见“领袖”，

① 华藏世界：莲华藏世界的简称，为自莲花出生之世界，或指含藏于莲花中之功德无量、广大庄严之世界。此世界系毗卢遮那如来于过去发愿修菩萨行所成就之清净庄严世界。佛经说，在风轮之上的香水海中有一大莲华，在此大莲华中含藏着微尘数的世界，故名莲华藏世界。此世界有二十层，各世界罗列成如网之围罩，而构成世界网；各皆以众宝庄严，佛则出现于其中，众生亦充满其间。由此可窥其构造之庄严，及其广大无边。

那就失去了它的意义。

第二，每个人都要轮流发言，每个人三到五分钟，没意见的就要站三分钟。你想办法表达自己的意见，最少要三分钟，那是你的权利也是义务。话很多的人，最多不能超过五分钟，否则铃声会一直响，这是第二个原则。

第三，在这沟通过程中，你必须聆听、欣赏与接纳，这当中不能批评，不论对错、是非、好坏。听不懂的可以再问，但不能够沙文主义，只有你对，别人都不对，那不行！尤其在这言论自由的时代，大声就赢，这样很容易形成语言暴力。我们必须拥有一个良好的制度，亦即聆听、欣赏和接纳别人的意见，培养有容乃大的人格风范。

第四，别人发言时，不能借故尿遁，上厕所、倒茶水，都不准，就这么简单。

讨论的内容有一定的范围，事前要好好准备，事后必须好好整理。你可以将这套工程推广到个人的族群中。但现在要谈的是，如何把这种华藏工程转移到家里来。

家庭华藏工程，基本上不限人数，原则是全家人都必须参与，而且愈早愈好。孩子还小就要进行，不要等他叛逆时才寻求支持。家里能及早建立起一个良好的沟通渠道，孩子就绝不至于叛逆，除非有大权独揽的霸道父母，非要孩子奉命行事不可。

孩子若是懦弱、胆怯的话，他会压抑自己、乖乖听话，但他始终是个长不大的乖儿子。像这种人会有后遗症，他小时候不敢对你叛逆，一旦你死了，他的心防解除，蠢蠢欲动地想走出自己的人生，那时候就翻天覆地了。

很多四十来岁才要叛逆的人，甚至到了七十几岁才叛逆的，原先独裁霸道的父母为他所建立的家庭、家教，这时候完全无用。因为，孩子势必要走出自己的人生舞台。我们希望孩子从小，最迟应该在进入小学的读书阶段，家长就要开始教导他如何将意见很完整地表达出来。这时做父母亲的，应该要懂得欣赏他。一周进行一次就好，这个晚上，不听电话，不做家事，一家人纯聊天，真正建立沟通的渠道。

通过这个过程，你可以了解这个孩子一星期以来成长了什么、遭遇了什么、学到了什么，交到了什么样的朋友。你就从这个地方去欣赏孩子，并针对为人处世方面的问题为他作适当的指导。什么是好朋友，什么是好事、坏事。你懂得聆听、欣赏与接纳孩子的意见，亲子间的沟通便建立起来了。这时候，他拥有自己的交友圈，你也有自己的事业与人生历练，你和他同步成长，但绝不至于和新新人类的社会脱节。

你借由本身重要的人生经验与历练，好好指导他，让他在生命的成长过程中，可以真正获得父母生命的DNA，而不只有血统上的DNA。

要知道，你只是为他制造出一个身体，把血脉传给他而已。真正的生命，是人生历练的传承。子女们借由此一基础，才能站在我们的肩膀上成长，然而如果你们的沟通情况不良，即使你有再好的历练，他都收不到。

前面说过，能接受别人的意见，接受父母亲人生经验的孩子，是有智慧的。孩子怎会没智慧呢？是你没有传给他嘛！为什么他无法从父母那边获得智慧呢？因为你不够慈悲。人生历练的传承，必须通过慈悲心才有办法传递。你说："不！我很想教给他。"想是一回事，问题是你用什么方法教导？告诉你，唯一一条路就是"家庭华藏工程"。

通过家庭华藏工程，你可以好好指导他。这需要时间，不是一两次就能建立的。每个礼拜，你们都需要沟通。有很多的案例，包括在报纸、电视上的所见所闻，都是活教材，都可以拿来分享。教育子女其实比生养子女还难，你要让他拥有健康而优良的身心，至少需要一二十年的时间，否则你无法将人生的经验、良好的生命DNA传递给他。

这里有个重点：我们该用什么样的教材呢？事实上教材相当多，孩子在学校时发生的事，他观察到什么？借此可以训练他的敏感度。社会新闻亦然，你通过它开始训练孩子延伸触角、展开观念。当然，你是要依据他的反应，用接纳与欣赏的态度去指导，而不是强压、灌输给他。譬如，你每个礼拜都陪他去看一部电影，看完后便有共同话题，你欣赏他对电影的评论。如此一来，他的人格一定非常健康，对于人事之间的沟通、与人相处不至于会有恶果。此外，社会事件更是极佳的题材，社会流行些什么，你可以跟孩子同步掌握，借此也更加了解他的心里想些什么。反过来说，他借由你的指导，也能更了解你的想法和动机。

家庭华藏工程的教材相当广泛。孩子们从书中读到的，为何无法用在生活中？问题在于没有建立良好的沟通渠道。假如你能参与、欣赏孩子读的书，不管哪一科，你可以激励他，美术、绘画、音乐、唱歌，或雕刻艺术，甚至语文、历史、地理等等，都可以是彼此沟通、激励的园地。

伟大的人物其实就诞生在这种伟大的家庭里面。家教是非常重要的一环。可利用的教材太多了，而运用的重点就在于尊重子女的自主权。尤其能干的父母必须特别留意。夫妻间要彼此尊重，更要有以对方意见为主的基本涵养。能充分认识到这一点，家庭定然会非常和谐与幸福，这是家教的重心，我们称之为“家庭华藏工程”。

我们担心的是大男人主义、沙文主义、霸道主义、侵犯子女的自主权。子女有自主表达自己意见的权利，家庭里若无这样的训练，他到外面如何应对呢？现代的年轻人，坐在电脑前像一条龙，离开电脑和人相处就变成一条被吃的虫。怎么办呢？就要通过家庭华藏工程，来重建孩子的信心，建立与人相处之道。这方面的工夫，绝对不能容许一点忽略。

我们曾一再地强调过，家庭里头是以子女为主人，而非父母亲为主。那么，对于这些小主人，我们该怎么呵护呢？你若没有这种基本认知，而把家庭华藏工程当成孩子们听训的时刻，那就完全失败了。你无法指导子女成长，你只是借机打压、扭曲子女罢了。

孩子们的存在具有绝对的自主权，你必须尊重其人权、讲求人道，他若不能独立，出了社会，只会被欺负和伤害，那就枉费我们望子成龙、望女成凤的一番期待。

透过良好的家教，才能够拥有健康的子女，由此亦可了解，为何之前我一再地说，家庭是我们的人生舞台，必须认真经营这块园地。

你能否在每天与子女共进早、晚餐之际，和他们进行一个十分钟到半个钟头的家庭华藏工程？那是绝佳的良机。问题是，一家子往往久久不曾聚一次，等事情发生时，你就会说："我以为你懂，结果你不懂！"造成彼此的损失跟伤害。那时，你就可以想象到情绪会如何激动，而那种反射的情绪或动作是不是非常大的二度伤害？

家庭华藏工程有两个非常重要的前提，第一个是一定要经常进行，不能一次、两次，应付应付，那样不能产生效果。假如你的孩子已经进入叛逆期，光找专家没用，你必须赶快进行家庭华藏工程，有很多机会可以让你导入，重建父母与子女间的关系。所以，期望大家不要放弃这个人生舞台，这是生命的立足点，是孩子的避风港，也是成年人的休息处。孩子绝对有要求良好教育的权利，所以华藏工程需要长时间的灌溉。

第二个重要的前提是，家庭华藏工程是家教的基础，你可以在此建立起自己的家教。你可能觉得："哎哟！我什么都不懂，人生经验、历练、教育都不足，怎么进行呢？"各位，不用担心，做就对了。假如真有困难，我们华严都很乐意协助和支持你，希望你能勇于挺身，重建良好的家教及家风。

没有良好的家庭教育，就无法推动健康的社会。不健康的家庭，有如社会上一颗不定时的炸弹，随时有引爆之虞。这是家庭的不幸，也是社会的不幸。我们希望每个家庭都能真正建立起家庭文化和家教。

从人生舞台到家庭文化，个人的生命空间若未建设，就难以和社会族群取得平衡感。在与社会族群相处之际，为了适者生存的法则，你压抑、你扭曲，只为适应社会的种种状况，假如能有一个很好的家教环境及华藏工程，心理压力便可顺利纾解，隔天又可再面对新的环境、新的挑战，如此会更健康、更有冲劲，拥有更好的生命感与生命力。

家庭华藏工程以往都没有进行，所以现在很多人遇到子女、青少年等问题，甚至夫妻间的沟通障碍等等，此更显示家庭华藏工程的迫切性。记得一个原则——聆听、欣赏与接纳。这比表面化的讲感恩、赞美都要好。

刚开始要进行密集的华藏工程时，你可能会有非常窝囊的委屈感。你的另一半或子女们并不知道其价值、意义与重要性，你必须有耐心地推动。从一开始的咆哮、抱怨、谩骂，到慢慢去了解对方，你会发现，其实不见得都是对方的错，而是因为沟通渠道不良所致。

通过这个方式，我想不用三个月，大概一个月就够了，家人一定会感受到转变，于是整个家庭也开始为之转化了。原来家里像动物园，经常河东狮吼，现在渐渐改变成彼此互相尊重、欣赏，重建家庭的计划便完成了。相信各位一定能做得到。

家庭文化来自良好的家教，良好的家教则来自家庭，若能拥有良好的沟通渠道，彼此教学相长，一家人其实可以同时成长。

当然，你也可以让其他人加入，譬如你的小家庭就这么三五个人，目前正陷入僵局而无法推动，这时可以请父母亲或兄弟姊妹们一起来参加。人虽然比较多一点，但对于僵局，相信会有缓和的作用。

要一开始就先把游戏规则定出来，每个人讲三到五分钟，不要一开口就两个钟头讲不完，那没意义啊！所以游戏规则先定出来，每星期自定一个时间，人人遵守基本原则，然后聆听、欣赏、接纳，绝不借上厕所逃避。在这种情况下，原来一两个钟头的长篇大论，缩为三五分钟，一件事一件事慢慢讲，尽管在气头上，讲得蛮横无理，但一次、两次、三次……相信自然就潜移默化，变得心平气和了。你的家庭会很快有所转变。

家庭华藏工程一定可以化解长年累积的家庭风暴。这无须上帝、佛菩萨来保佑，你的生命绝对有这个能力去扭转这个世界。很多人之所以处在不幸中，是因为不懂得处理这些待人处世的问题。你若懂得善用华藏工程，相信可以化解人间很多的不幸。

我发现，凡华藏工程进行之地，他们的家庭都有神奇的变化，那份温馨感受不可思议啊！这是我们本身实行后所感受到的利益，和大家分享。千万别忘了，推动家庭华藏工程，是你建立家教与家庭文化的重镇。一旦你的家庭文化形成，那些外在的压力都会获得纾解，让你随时拥有源源不绝的生命动力，面对外在的挑战。你的成功概率会特别大，幸福指数绝对成长。

这当中我们会很清楚地看到人生的变化。那是宗教的力量。不管哪种宗教，你其实都可以通过家庭华藏工程去推动、去发挥作用，感受不可思议的利益。除了个人的生命力会产生大变化之外，所谓的家庭文化、家教、家风都可借此树立。家庭文化一旦形成，它会让你个人的生命空间产生一股平衡的力量，进而在家庭、族群、社会中取得平衡点。

这几者之间会形成一个无限的生命能量宝库，可以鼓舞众人，让大家在生命进程中，找到人生的价值和意义。生来这世间，若连家庭这个避风港、休憩处，都弄得乱七八糟的话，请问怎么不会出事呢？人生最后的堡垒在哪里？就在家庭里。家庭如果很温馨，有足够的支撑力量，那又何惧事业舞台的变化呢？而拥有幸福美好的家，从哪里来？从家庭华藏工程来！

若干家庭的进行方向，其实早已遵循着华藏工程的规则在运转，只是不知道有此一名词而已，关键在于实践。我们看到某些家庭家教崩溃，问题关键就在这里。我们需要拥有真正良好的家庭华藏工程，才能有足够的生命潜力去发挥作用，在人生舞台和事业舞台上，取得良好的平衡点。

家里如果出了叛逆分子，就得赶紧推动家庭华藏工程，这部分若要一一举例说明，恐怕旷日废时，不如让我们来协助你。

家庭是我们的避风港，是人生的基地，是家庭文化的衍生地，是个人生命空间的孕育之所。在这里，每一分子都是相互依托的，不用大脑讲道理，否则一争起道理，只有走向破裂一途。让我们自在解脱、幸福快乐、处众和谐的秘诀何在？就在于不用大脑。

这里只有聆听、欣赏与接纳。家人其实就如同身体的四肢一般，这一手受伤弄痛了，另一手不能骂它活该；就算其他人错了，你也要接纳，因为都是一体的。太太弄错了，你当然得承担，为什么？谁叫你是她先生；反之，太太对先生也一样。至于这当中是否涵盖财务问题，姑且不论，我们只提醒你，就生命而言，两者是一体的。

子女弄错了，父母亲也必须完全接纳。那是你教育的问题，你跟他是一体的嘛！这当中不能用大脑的判别去论断对错。但通过华藏工程平和的分析，却可以让大家了解待人处世的应有处置。在法律上也是如此，父母子女之间是不举证的，为什么？因为他们是一体的。

我们都以家庭为生命的主体，正因如此，人人都该互相尊重，对子女这个家庭主体及其自主权，也要尊重。在这样的生命主体架构下，家里每一分子既独立而又互为一体，这便是生命存在的质感。要达到这样的境界，就看我们如何透过家庭华藏工程，来培养、训练自己聆听、欣赏与接纳的能力，借此肯定每一分子皆是同一体。

这时你不能用大脑来解读生命、用大脑论断生活中的种种事件，那没意义！我们要看的是生命存在的价值与意义。当你的脚受伤时，不会只有脚痛而其他部位没感觉吧？不是！脚痛，会让全身都跟着不舒服。同样的，家庭成员可能有人承担的是脚的责任，有人承担的是手的责任，只要有一人受伤，全家也都被牵动、受伤了。我们必须留意，这不能用大脑去判别，这是非常重要的。

生命教育带给我们的利益，真的是无远弗届。它只有一个简单宗旨，就是肯定生命的存在、肯定生命的真相、肯定人性的价值与意义，以彻底了解人生的目的与奋斗方向。由此展开，任何角落，都可发现，生命教育让每一分子都能感受到生命存在的自由、自在与解脱，其中无任何压抑。但，它一定得从家庭教育开始，一定要通过华藏工程从家里展开，以使每个人都能感受生命的存在及真相。这时候，你会感受到那份温馨与幸福。

看看这样一个时代，如此富足、悠闲，套用佛教的术语，这叫“暇满”,“暇”就是空闲,亦即富裕、圆满。可是我们却又很恐惧,为什么？以前吃完这一餐，不知下一餐在哪里，过了今天，不知明天怎么过。我们都能从那样的时代挣脱过来，为什么在这富足的年代，还有那么多恐惧？

恐惧来自于我们对人性丧失信心！没结婚时怕找不到对象，结了婚又怕对方背叛；你永远身处恐惧之中，没办法获得真正的自由。富裕反而带来了恐惧与痛苦，在这样一个时代里，生命教育的开展远比一切来得重要。

你的事业如何、工作如何、权利如何，旁人都没办法管，那些在学校知识教育里已经教了很多。我们要提醒你的是，家庭这块生命教育的部分，从哪里开始？从家庭华藏工程开始。你会发现青少年的问题、老人问题、夫妻感情的问题、健康问题、事业问题……你有探讨不完的事。以ＳＡＲＳ事件来说，当你知道如何应对以后，你还有那么恐惧吗？处在这富裕的时代里，我们好像又觉得很匮乏，那是因为缺少了幸福，只有富足而无幸福，这富足有何价值与意义呢？

第十三讲

建立人生的平台

人生的平台，应该要如何拿捏、如何建立？如何在个人的生命空间，以及社会、族群之间取得一个平衡点？我们将这种平衡点的延伸，定义为一种平台，也就是借用生产管理上常用的“工作平台”、“生产线平台”，来向各位说明，人生当中如何更深入认识生活与生命。

生命教育是个通称，不同于知识教育。身处现今社会，我们可以感受到道德被扬弃、社会伦理形同崩溃等现象。我们所主张的生命教育，是通过每个个体独特的生命价值观来定位。首先标举三个部分：生命的存在、生命的真相和生活的价值。人生追求的目标为何？人生奋斗的方向是什么？人性的价值与意义何在？这些你可曾感受到？

泯灭人性的社会新闻层出不穷，亲生父母溺死子女的案件等等，为何发生这种事呢？社会到底怎么了？或许不是社会怎么了，而是我们对生命的认知怎么了。当你体会不到生命的存在，感受不到生命的价值与意义时，什么事都做得出来，把子女送到火坑之类的事也就可以想见了。

生命的存在是一则真理。在追求生命真相的同时，亦即是证明真理的存在。我们在此不作逻辑推理，那是哲学的领域，对于生命的存在毫无意义。我们要亲自证得真理的存在、真理的真相，真切地用生命去感受。

人生就在真谛以及社会生活的俗谛①之间摆荡。所谓真谛，即指真理的存在与实相。而生活的本身纯粹就是俗谛，是生活中简单的事。俗谛牵涉到生理、物理、社会与心理等各层面，而真谛、真相的部分，则超越这四大现象。所以生命、人生与生活，就在于如何去权衡真谛与俗谛之间的平衡。“建立人生的平台”，也就是如何在真俗之间拿捏好的问题。

很多宗教界的朋友，最容易有这方面的困扰。是不是学了佛以后就得变得很呆板？没学佛之前高高兴兴过日子，一学佛以后，这也不行，那也不对，没有人叫你学佛学成这样子，你偏偏被误导到这个方向，真、俗之间失去了平衡。

有些人被蚊子咬了，急着把它赶走。然而赶走登革热才是重点，留着蚊子，不是要造成登革热吗？因为他接收了蚊子不可杀的讯息，不杀生的道理没弄清楚，放着蚊子去杀人，难道就不是杀生？学佛到最后，只关注能不能吃蛋、喝牛奶，尽在这上面打转。学佛是要让人得到觉悟、得到解脱的，可是你却学进了死角。不受戒②没事，一受戒都捆得死死的，这就是在真谛与俗谛之间不懂得拿捏的结果。

一如我们的人生舞台，如何拿捏得恰到好处，变成生命重要的

① 真谛、俗谛：合称二谛。“真谛”指真实不妄之义理；反之，凡世间事物及其意义则为“俗谛”。圣智所见的真实理性，离于虚妄，故云真；其理决定而不动，故云谛。凡修出世间法，及其所证的境界，皆名真谛，又称第一义谛或胜义谛。随顺世俗而说生灭等迷情之法，故曰俗；此等事相，在俗为实，故云谛，又称世谛、世俗谛。

② 受戒：又作纳戒、禀戒，指通过一定的仪式，领受佛所制定的戒法，亦即遵守教团规定（戒、罚则）的行为。戒为无上菩提之本，而佛教之根本精神即在于戒律之尊严。

一环。生命教育中，并无绝对的标准答案，它只告诉你一个平衡点，弄清楚何谓真理？何谓世俗？所以，我们开宗明义就告诉各位，生命的存在是真理的现象，而人生则是在真谛与世俗之间找寻到微妙的平衡点。生活完全属俗谛，如果你搞不清楚，老是被教条捆死，那还能做什么？人生在世，不是为了追求这些杂讯来庸人自扰，我们是来求解脱的。

种种社会现象存在已久，从你一出生就进入这个熔炉，接受其影响，在此同时，俗谛已经发生作用。比方说，走路一定靠右边、红灯停、绿灯行，这就是俗谛。约定成俗，不得不遵守，除非你是野猪，看不懂红绿灯，冲到路上来，那就没办法了。所以真、俗之间如何拿捏，变成人生真正的问题了。

生活中的俗谛，我们该如何去圆满呢？这个很重要，但你也无须扬弃社会而拒绝俗谛，那毕竟是生活中的一部分。你的生命要摆在哪里呢？在真、俗之间如何取得一个平台？

我们看不清楚这些，于是厌俗，离群索居，抛弃社会，俨然是清高的圣人，其实这叫社会边缘人，我们不希望这样。我们希望在真理和世俗之间，取得一个良好的平衡点。

人生这个平台，处在真理与现实之间，究竟要如何拿捏？很多朋友不是困扰于其中，就是我行我素，不管他人瓦上霜，再不然呢，就是让自己消失在世俗中；生命的洪流中，看不到他的存在，真是可怜。事实上，我们可以多一分真理、少一分现实，也可以多一分现实、少一分真理，但就是不要走极端、走偏锋，一面倒向真理或现实的一端。

人是群居的动物，离不开世俗，你再怎么离群索居、躲进深山，除非像动物身上有长长的体毛保护，否则还是得穿衣服，还得需要医药或其他等等，你很难独处。你厌俗、弃俗，向往真理的至真至善，这没错，但现实仍必须兼顾。

我在上一回谈到家庭华藏工程时提过，有些父母精明干练，自以为是真理的代言人，可是他经常感受到他的“真理”不能兑现。其实，那只是一种“理想”而已，并非真理。至于为何不能兑现？因为他被现实所框住，而你为何受世俗所限呢？因为福报有限。

福报有哪些呢？福报有很多，夫妻恩爱包容，这就是福报。有的夫妻关系像猫跟老鼠一样，一个怕，一个就死命地欺负，这也是福报。显现出来，让你感觉到痛苦的，就是负值的福报，反之，令你感觉幸福快乐的，是正值的福报。这都属世俗谛，也就是生活中的世俗部分。

至于真理呢？它跟理想不一样。理想是要你去实现的，而真理则是透过修行兑现出来的。什么是修行呢？家庭华藏工程即是一种修行。你必须去聆听、接纳与欣赏别人的意见，而不能把自己的意见强硬地加诸于别人身上，否则，这对一个有主见、伶俐能干且又聪明的人来讲，是一种压抑与扭曲，是非常痛苦的事。

别人的存在自有其天赋的权利，因此，你有义务接纳他人，此即是修行。各位想想，在家里，你那个霸气十足的老公，或绝对权威的父亲，叫他不表示意见而来听听子女的话，可以吗？恐怕很难！除非他受过良好的训练与教养，否则怎可能听晚辈的话。他真的肯跟你平起平坐，视你为拥有自尊的主人吗？这要通过修行的实践，才有可能兑现。注意哦！是“兑现”，而不是“实现”。

理想是一步一步实现的，我要赚五百万、五千万或五亿，可以通过才智和竞争力，一步一步努力去实现，因为那是一种理想，然而生命的真理却不是这样。

不管是个人或家庭，我们确实经常摆荡于真理和现实中，不知道如何在这真、俗二谛的平台上，找到平衡点。

今天是最后一堂课了，真理却是讲不完。真理，会让我们永无止境地往前进，而我们的弹药却先用尽了。上电视开讲要花多少钱啊！我们没钱，所以要结束了。这场仗，我们没办法再打下去，然而并不是真理讲完了，而是弹药用尽了。就真理的层面，我们会勇敢走下去，可是在现实场合里，又不得不做个结束。怎么办呢？唯有尽力而已。

在真理与现实之间要如何拿捏，是非常重要的一个关键。你很想再支撑下去，可是事实上你没有那个能力。人生在世，也有很多同样的状况。你想要很完美地走完人生旅程，想要追求、兑现真理，然而事实证明你力有未逮。

前面举过一例，这一世做完这辈子所要做的事，就算圆满了。并非每个人都能在这辈子达到巅峰。想要成功，你的因缘①、福报与善根必须具足。这提醒我们：此世得以觉醒，便去做想做的事，如此即可；你已经做了，那就对了，至于能不能完成、圆满？不重要，

① 因缘：“因”指引生结果的直接内在原因，如种子；‘缘’指由外来相助的间接原因，如水、土、阳光等，由此因缘和合，便生出谷米。一切万有皆由因缘之聚散而生灭，由此所造一切法，称为因缘生灭法；而由因与缘和合所产生的结果，称为因缘和合。

尽其在我。

譬如上次谈过家庭华藏工程，你必须去实行，尽力去做、去圆满，趁早做就趁早完成。孩子只要开始上学，你就必须每星期至少挪出一天来华藏工程，不要只顾忙其他事，看电视、写功课……与其要他埋头苦干写功课，不如让他跟你好好谈一谈，了解他心里的感受。你不能了解他，却鞭策他写一大堆功课，考第一名，扭曲了人性，这些还有什么用呢？

所以说，做好我们应该做的事，至于成果如何不计较，这是在讲做人，在讲生命。生命，必须卯尽全力去做，建立应有的人生价值观，这辈子成就能到哪里就到哪里，重点在于做好应该做的事，这便是趋于真理的方向，亦即前面所说的，回归生命的原点，回返生命的故乡。

这辈子是否能达成，现在无须介意，只要方向对就好了。这是从真理的层面来看。能不能实现，则属世俗的部分。世俗的部分，起步早，动作快，经常制敌机先，成就当然不成问题。这当中牵涉到现实面的问题，包括你周围的一些资粮道是否具备？资粮道若不具足，光急也没用。

反观这一年来，我跟各位所谈的生命教育，可以作出一个简单的结论：人生舞台与事业舞台之间，如何拿捏？人生舞台，主要指家庭，其基础在于华藏工程，家人可借此建立一套良好的沟通渠道，完成家庭教育。同时，也可由此展开家庭文化，建立起个人的生命空间。

不但如此，家庭华藏工程还可以帮我们解决很多人生的问题，包括对健康、对生老病死的认知、对社会真相的认识等等，我们都能具足良好的因应能力。通过它，也可以让我们了却子女教育与青少年问题，夫妻感情的龃龉也可借此泯除。那么，子女、夫妻、健康等家庭三大问题大概都解决了，剩下来的无非是老人问题了。

孩子长大后，你如何安排、规划自己？福报够的话，夫妻俩白头偕老，比翼双飞，可以徜徉于山边海角，也可以再融入社会尽情奉献；你可以培养青年领袖、指导未来的社会精英；你可以提供子女完美的婚前教育，一代接一代，愈来愈美好。

生命教育的五大议题中，这四大议题都获得解决了，而唯一属于事业舞台的议题，你会发现，即使再怎么工作不顺、事业挫折，对人生来说，也不过是五分之一的缺憾而已，不至于就此让人濒临绝境，因为你还拥有非常良好的人生舞台作为你的休息站、避风港。同时你会发现，由于人性完整，人际关系良好，要再另觅他途，找新工作，其实并不难。

事实上，事业舞台里的挫败，不见得不好，反而让你验证福报的期限到了，可以重新再来。假如是上班族，那更好处理了，干脆重新转战一个完全不同的事业舞台。由此可见，人生的平台是很好架构的。遗憾的是，我们从来不去注意，往往在事业舞台中，把人生舞台给陪葬进去。全然搞错了！

为什么我们会在事业舞台里，把人生舞台一起给赔进去呢？这就是盲目跟随社会流行走的结果，这是因为我们跟随着标准值的人生观前进，缺少了自然值的生命力。所以在此提醒诸位，要怎么活出自己的天地来，自然值的人生观至关紧要。当你过的是一种标准值的人生观时，你就已经愈来愈远离生命的原点了。而掌握了自然值的人生观，就会朝着生命的故乡迈进，其间不过是快、慢之别而已。至于如何通过生命的觉醒，锻炼自己出尘①、了却三界轮转②，那就属修行的真工夫了，但这不在我们今天的讲述范围内。

生命教育的课程，其实分两部分：一是在世间，如何活出自在的问题；一是通过完整的训练，如何让自己达到真正的解脱，达到止于至善的生命目标，而这就要通过真正严格的修行与训练了。

如果你想要接受第二阶段的训练，那么第一阶段的完整资粮道，非常重要。因为人性有扭曲、心理不健康，人生观不健全、人格不完整、人际关系不好，这五种现象当中，只要有一条非常偏差的话，都不适合修行。所谓“走火入魔”，就是因为这五种现象产生了某种偏差，一旦来修行，男的容易成魔，女的容易成精。

偏差的基础一定导致偏差的结果，所以必得要求完整的资粮道。而从整个人生的平台来看，我们发现很多不难入手调整之处。一个人要具备从宏观立场来建立人生平台的能力，并不难。假如你自认为没那么大本事，那就在家庭与事业间取得一个平衡点，这总算是简单的了。

真理到现实之间，如何走出完美人生，应当是每个人都会关心的事。我们并未祈求人人都成佛，当然，假如你愿意的话，那么这

① 出尘：出离尘俗，即出离烦恼等尘垢，引申为出家之意，同义词有远尘、离尘、出俗、离俗等。又如愿遂出尘、意欲出尘、有出尘之志等词语，均表志在出家；而绝风尘、厌尘网、厌俗累、遁尘寰等词则有离俗尘而出家入道之意。

② 三界轮转：三界指众生所居之欲界、色界、无色界。迷妄有情在三界生灭变化中流转，若能觉悟，即得解脱此生死轮转之苦。

段资粮道的训练就不可或缺了；假如你认为只要拥有幸福快乐的人生，那么就须在事业舞台与人生舞台间取得平衡点。

前面那段时间里，我一再跟各位提醒的，也是这个部分。很多地方，因为时间、能力的关系，我都只有点到为止，只能把最重要的地方先勾勒出一个轮廓来。期望各位真的能够掌握到人生的方向，朝着生命的故乡前进，不让自己沉溺而消失在社会流行的洪潮中。

社会的流行是没完没了的，因为知识教育促使企业家们不断创造迷惑人性的玩意儿，这些玩意儿数不尽说不完，而且往后会愈来愈多。我们小时候打陀螺、玩弹珠，老师就警告："你们玩疯了！那很危险！要用功读书。"后来经济繁荣，电视一出现，就产生了电视儿童、钥匙儿童……物质文明步步进逼，时代一直变，孩子们也跟着变，变出了电子游戏儿童、电脑儿童。如果持续跟着流行走，怎么走得完呢？所以应该从标准值的人生中觉醒过来，建立自然值，免除标准值的局限，早点脱离背叛生命故乡的阴影，走出健康的人生。

在生命的领域里，你尽所能悠游，取多少就拥有多少。大家要认识到，生命教育与知识教育不同，知识教育只要有一段时间不用，便自然褪色、消失，生命教育则不然。这一年来，你所听过的任何一段，都可以终生受用无穷。怎么受用，端看你自己，而我们更期望你能努力去实践。尤其家庭华藏工程，是生命教育的起步。它就足以涵盖整个生命教育的内涵。只要肯实践，就会受益。你若不马上实践，放在心里久了会变成种子，但不知何时发芽成长，也许要等好几辈子以后，才可能重燃这生命的火花。

值得庆幸的是，我们这辈子马上就能够实践、兑现，所以不要迟疑。因为那个利益、受用，都在你自己，与他人无关。我们只是尽责任与使命感，将它传播出去，期望人人皆能受用。但要受用，毕竟得通过你本身的实践。

华藏工程，在家庭、在朋友或工作岗位上，其实都可以进行。如果身为公司老板，能把几个经理人组织起来，那也是个华藏工程。经理把副经理、主任等组织起来，又是另一个华藏工程，如此一级一级，层层扩散。我想，最下层的人若有意见，会很快上达天听。因为华藏工程就是一种沟通，通过它，任何命令也都能很快下达，绝不至于有误差。

生命教育是绝对可以实践的，从宏观层面来讲，它无远弗届，穷尽全人类，而就微观层面而言，也是任何人随时随地都可进行的，而且不同的组合就进行不同的华藏工程，此即生命教育的可贵、伟大之处，它不受知识教育所限制。

在知识教育的领域里，由浅入深，有一定的进阶，所以一年级不会上二年级的课程，二年级不会上三年级的课程，假如一本书念个二三十年还念不出名堂，大概也是智障，否则怎会一直不及格、无法往前进呢?

宗教信仰绝对不一样。生命教育的训练与知识教育的训练截然不同。一本经书可以念个三十年，一本《圣经》可以让人终其一生都翻阅不倦，为什么?因为它是生命的教材，而非知识的灌输。知识教育的东西，多念个几遍就烦了，而生命教育的东西，你每一年每个月，甚至每天念一遍，受用都不同，因为它是生命的淬炼，不是大脑的产物，这一点非常可贵。

我曾谈过，为什么称“经”[1]？因为经是生命的东西。四书、五经、唐诗三百首，我们都不问哪个地方比较浅，可以先下手，你拿起来就背，背完自然就会用了；生命没有深浅，随便抓一个下手就对了。就像研究我们的身体一样，你说从哪里研究起？我看都一样，眼科就从眼科下手，内科就从内科下手，没有说眼科比较浅，内科比较深，因为都属生命的一部分，没有深浅之分，只是下手处不同而已。

生命教育亦然，每个人问题点的发生都不同，夫妻、子女、事业、健康……问题在哪儿，就从哪儿下手。我们这一期也只能为各位谈到这五大议题，其他还有五大诱因、四大工程、五大行法等尚未触及，范围相当广，但因时间关系，只能介绍至此。

最后我只能苦口婆心再强调一遍：我们只能尽所能、尽全力在真理与现实之间，走完这段完美的旅程，无法强求完全把它呈现。以《华严经》为实例，它有一百八十篇经文，其中有三十九品、有三十四品、有四十卷版、八十卷版……你把一品中的一段、一段中的一句、一句中的一义，尽其所能解释清楚的话，那要把全地球的水磨成墨，墨汁通通写完了，而把那一句的意义说明清楚，都不可能。生命教育无远弗届啊！要讲清楚、说明白，还真不容易，所以只能倾尽全力，在真理与现实间，走完眼前这段美好的旅程。

我们要做的确实还很多，而每个人要走的人生旅程也还相当长，

---

[1] 经：广义而言，释尊所说的一切教法都称“经”。佛教圣典可总括为经、律、论三藏，经藏乃其中之一。释尊演说的教理，本称“法”，后世以之为教理纲要书，而称为“经”（修多罗）。修多罗原意为“线”、“条”、“丝”等，引申为“贯穿摄持”。众生由教之摄持，而不散流于恶趣；义理由教之贯穿，而不散失隐没，故称圣教为契经，亦即经乃“贯穿诸法而历古今恒常不断”之教法。

路程应该是相当完美的，只因缺少生命教育，所以不会走。我们都在现实环境里打转，可是现实又受福报限制，各位想想，你的聪明才智、你的努力都和别人一样，可是你很难跟别人一样成功，为什么？因为受福报所限。

我们身处现实之间都已经这么难了，更何况是背离生命故乡而前进。我们的痛苦与日俱增，并未因富足而显得更为幸福，实在是因为走错了方向。假如能朝着生命的故乡前进，那么这个时代的富足，将会使我们觉得有如置身于天国、极乐世界那般的美好，因为一切都已经兑现了。

在此祝福所有观众、听众们，人世间的一切都能完美如意。

图书在版编目（CIP）数据

轻松而至的幸福 / 海云继梦著. — 2版 —北京:
九州出版社,2011.5
ISBN 978-7-5108-0972-9

Ⅰ.①轻… Ⅱ.①海… Ⅲ.①幸福—通俗读物
Ⅳ.①B82-49

中国版本图书馆CIP数据核字(2011)第085677号

著作权合同登记号：图字 01-2007-0196
本书为海云继梦（台湾）所著《活得庄严，过得精彩》、《撒娇人生》
两本原著合并成书，由台湾空庭书苑有限公司及作者授权出版。

轻松而至的幸福

作　　者	海云继梦　著
出版发行	九州出版社
出 版 人	徐尚定
地　　址	北京市西城区阜外大街甲 35 号 (100037)
发行电话	(010)68992190/2/3/5/6
网　　址	www.jiuzhoupress.com
电子信箱	jiuzhou@jiuzhoupress.com
印　　刷	三河市东方印刷有限公司
开　　本	880 毫米 ×1230 毫米　32 开
印　　张	10.75
字　　数	200 千字
版　　次	2011 年 7 月第 1 版
印　　次	2011 年 7 月第 1 次印刷
书　　号	ISBN 978-7-5108-0972-9
定　　价	28.00 元

★版权所有　侵权必究★